Ratgeber Wärmepumpe

Klimaschonend, effizient, unabhängig

Unser Service für Sie

Wenn neue Gesetze und Verordnungen in Kraft treten oder sich zum Beispiel Förderbedingungen oder Leistungen ändern, finden Sie die wichtigsten Fakten in unserem Aktualisierungsservice zusammengefasst.
Mit dem Klick auf www.ratgeber-verbraucherzentrale.de/aktuell sind Sie dann ergänzend zu dieser Auflage des Buches auf dem neuesten Stand. Diesen Service bieten wir so lange, bis eine Neuauflage des Ratgebers erscheint, in der die Aktualisierungen bereits eingearbeitet sind. Wir empfehlen, Entscheidungen stets auf Grundlage aktueller Auflagen zu treffen.
Die lieferbaren aktuellen Titel finden Sie in unserem Shop:
www.ratgeber-verbraucherzentrale.de

Ratgeber Wärmepumpe

Klimaschonend, effizient, unabhängig

FRANK-MICHAEL BAUMANN

verbraucherzentrale

Inhalt

135
Optimierung von Wärmepumpen

27
Wie funktioniert die Wärmepumpe?

Über dieses Buch

Wärmepumpen sind derzeit überall Gesprächsthema. Ursache dafür ist die kontroverse öffentliche Diskussion um das neue Gebäudeenergiegesetz (GEG). Und jeder weiß mittlerweile, dass eine Wärmepumpe eine Heiztechnik ist. Es kursieren aber nach wie vor viele Vorurteile dazu. „Eine Wärmepumpe kann nicht in Bestandsgebäuden eingesetzt werden!" „Die funktioniert doch nur mit Fußbodenheizung!" „Die Wärmepumpe braucht viel Strom, der aus schmutzigen Kohlekraftwerken kommt!" „Mein Handwerker rät mir ab." Dies sind nur einige wenige Argumente, die vermeintlich gegen die Wärmepumpe sprechen.

Mit diesem Ratgeber geben wir Ihnen einen umfassenden Einblick in die Wärmepumpe als Heizsystem, damit Sie sich selbst ein Urteil bilden können, ob eine Wärmepumpe für Ihr Haus sinnvoll ist. Wenn Sie sich für eine Wärmepumpe entscheiden, erleichtern zahlreiche praktische Tipps sowie Checklisten die Planung und Umsetzung.

In einer Zeit, in der Klimaschutz und Energiewende immer größere Bedeutung gewinnen, ist die Wahl einer effizienten und nachhaltigen Heizung von großer Relevanz. Der Ratgeber zeigt Ihnen, dass Wärmepumpen eine innovative Lösung bieten, um Gebäude – alt oder neu – effizient und umweltschonend zu beheizen, da durch Heizen mit Wärmepumpen sehr viel weniger klimaschädliches CO_2 emittiert wird als mit konventionellen Öl- und Gasheizungen (→ Seite 15).

Wir geben Ihnen einen Einblick in die Funktionsweise und die technischen Komponenten einer Wärmepumpe (→ Seite 27). Sie nutzt unerschöpfliche und kostenlose Umweltwärme aus Erdreich, Grundwasser oder Luft als Wärmequelle. Diese Umweltwärme wird in der Wärmepumpe mithilfe eines stromgetriebenen Kältekreislaufs auf ein höheres Temperaturniveau angehoben, mit dem ein Wärmeverteilsystem (zum Beispiel Heizkörper oder Fußbodenheizungen) dann die Räume erwärmt.

Es gibt viele unterschiedliche Wärmepumpentypen, die sich im Wesentlichen durch die Art der Wärmequelle für die Gewinnung der Umweltwärme unterscheiden. Wir stellen alle wichtigen Wärmepumpentypen sowie Hybridvarianten – also Heizungen, die unterschiedliche Techniken kombinieren – vor (→ Seite 49) und erklären die aktuellen gesetzlichen Rahmenbedingungen sowie die Genehmigungs- und Anmeldepflichten (→ Seite 65).

Wir erläutern, was für den Betrieb einer Wärmepumpe wichtig ist, welche Betriebsweisen es gibt und wie die Betriebskosten ermittelt werden (→ Seite 81). Außerdem zeigen wir, welche Wärmeverteilsysteme für die Wärmepumpe eingesetzt werden können und wie mit der Wärmepumpe an heißen Tagen auch gekühlt werden kann.

Sollten Sie sich für den Einbau einer Wärmepumpe entscheiden, zeigen wir Ihnen auf, wie Sie den Weg zur Wärmepumpe beschreiten können (→ Seite 101). Ob im Neubau oder im Bestandsgebäude – der Einbau einer Wärmepumpe muss gut geplant werden: Wie hoch muss die Leistung der Wärmepumpe sein? Welche Wärmequelle ist für mein Objekt geeignet? Wie rüste ich meine jetzige Heizung auf ein Wärmepumpensystem um? All diese Fragen werden beantwortet.

Ist die Wärmepumpe eingebaut, gilt es, einen optimalen energieeffizienten Betrieb zu gewährleisten. Dafür gibt der Ratgeber praktische Tipps (→ Seite 135).

Noch sind die Kosten für ein Wärmepumpen-Heizsystem höher als für konventionelle Öl- oder Gasheizungen. Die Anschaffung einer Wärmepumpe wird aber von der Bundesregierung und anderen Institutionen zurzeit mit attraktiven Fördermitteln unterstützt (→ Seite 145).

Die Wärmepumpe lässt sich sehr gut mit weiteren umweltfreundlichen Technologien wie der Photovoltaik, Stromspeichern, der Solarthermie und der Wohnungslüftung mit Wärmerückgewinnung kombinieren. Auch hierzu finden Sie praktische Beispiele (→ Seite 185).

Wir hoffen, dass dieser Ratgeber Ihnen dabei hilft, die richtige Entscheidung für eine umweltfreundliche und effiziente Heizung zu treffen. Auf dem Weg zur eigenen Wärmepumpe unterstützen wir Sie über diesen Ratgeber hinaus mit zahlreichen Informationen und Beratungsangeboten der Verbraucherzentralen:
www.verbraucherzentrale-energieberatung.de

Wir wünschen Ihnen viel Erfolg bei der Realisierung Ihrer Wärmepumpenanlage.

Aus unserer Beratungspraxis

Die wichtigsten Fragen und Antworten

→ Jährlich beantworten wir in unseren bundesweit rund 200 Beratungsstellen Tausende von Fragen und helfen bei Schwierigkeiten und Problemen, die Verbraucherinnen und Verbraucher an uns herantragen. In Online-Veranstaltungen und auch vor Ort informieren wir zum Beispiel zu Wärmepumpen und anderen Heizsystemen. Aus dieser täglichen Praxis wissen wir, wie konkrete Unterstützung aussehen muss, wenn es um die Planung, Anschaffung, Installation und den Betrieb einer Wärmepumpe geht. All diese Erfahrungen sind Grundlagen des Ratgebers, der vor Ihnen liegt.

Nutzen Sie darüber hinaus auch das stets aktuelle Online-Angebot der Verbraucherzentrale mit zahlreichen Informationstexten, kostenlosen Onlineseminaren und vielem mehr. Und profitieren Sie von der Beratungskompetenz unserer Energieberater und -beraterinnen. Weitere Informationen und Kontaktmöglichkeiten:

www.verbraucherzentrale-energieberatung.de

Funktionieren Wärmepumpen auch in Bestandsgebäuden?

Ja, Wärmepumpen können in den meisten Bestandsgebäuden → Seite 107 eingesetzt werden. Moderne Wärmepumpen erreichen höhere Vorlauftemperaturen als die Geräte der ersten Generation. Dennoch ist es ratsam, vor Einbau einer Wärmepumpe zu prüfen, ob durch zusätzliche Dämmmaßnahmen an der Gebäudehülle der Heizwärmebedarf und die Vorlauftemperatur gesenkt werden können. Mit Unterstützung eines Fachberaters können Sie die notwendige Heizlast → Seite 111 des Gebäudes ermitteln. Oft kann die Wärmepumpe das bestehende Heizsystem ersetzen oder ergänzen. Eventuell sind Heizflächen zur Absenkung der Vorlauftemperatur zu vergrößern oder auszutauschen → Seite 41.

Je geringer Heizwärmebedarf und Vorlauftemperatur sind, umso effizienter arbeitet die Wärmepumpe. Es ist hilfreich, bisherige Verbrauchsdaten zu dokumentieren. Dazu gehört die Ermittlung des Warmwasserbedarfs für die Wahl der Warmwassererzeugung → Seite 96.

Von der Beschaffenheit des Grundstücks hängt es ab, ob das Erdreich, die Luft oder das Grundwasser → Seite 33 die geeignete Wärmequelle für die Wärmepumpe ist.

Warum ist das Heizen mit Wärmepumpen ökologischer als mit Gas und Öl?

Laut Umweltbundesamt verursacht ein Heizölkessel pro Kilowattstunde Heizenergie 318 Gramm CO_2. Bei einem jährlichen Heizenergiebedarf von beispielsweise 15.000 Kilowattstunden emittiert die Ölheizung klimaschädliches CO_2 in Höhe von 4,7 Tonnen im Jahr. Eine Erdgasheizung emittiert durchschnittlich 247 Gramm CO_2 pro Kilowattstunde. Dies verursacht bei gleichem Heizenergiebedarf eine CO_2-Emission von 3,7 Tonnen pro Jahr.

Wärmepumpen nutzen Umweltwärme und werden elektrisch angetrieben. Sie benötigen hierfür Strom. Aus 1 Kilowattstunde Strom und der Umweltwärme macht die Wärmepumpe circa 4 Kilowattstunden Wärme → Seite 27. Die Produktion von 1 Kilowattstunde konventionellem Strom verursachte im Jahr 2021 circa 420 Gramm CO_2. Bei einem Heizenergiebedarf von 15.000 Kilowattstunden werden mit einer Wärmepumpe etwa 3.750 Kilowattstunden Strom gebraucht. Die CO_2-Emissionen betragen dafür circa 1,6 Tonnen CO_2 und sind damit deutlich geringer als bei Öl- und Gasheizungen.

Wird die Wärmepumpe mit Ökostrom betrieben, so wird mit der Wärmepumpe kein CO_2 ausgestoßen.

Funktioniert eine Wärmepumpe auch an kalten Wintertagen?

Eine Wärmepumpe kann auch an kalten Wintertagen ein Gebäude beheizen. Dies zeigt die hohe Beliebtheit von Wärmepumpen in den kalten nordischen Ländern Norwegen und Schweden. Wärmepumpen ziehen Energie aus der Umgebungsluft, dem Boden oder dem Grundwasser und heben sie auf ein höheres Temperaturniveau an, um das Gebäude zu heizen → Seite 27. Selbst bei niedrigen Temperaturen enthält die Außenluft noch Wärmeenergie, die von einer Wärmepumpe genutzt werden kann.
Die Leistung einer Wärmepumpe ist von einem erfahrenen Fachplaner derart ausgelegt, dass auch bei kalten Außentemperaturen eine ausreichende Heizleistung erbracht wird → Seite 102. Sollten an wenigen Tagen im Jahr extrem kalte Temperaturen auftreten, so kann eine Zusatzheizung – zum Beispiel ein elektrischer Heizstab – zusätzliche Wärme bereitstellen. Diese Zusatzheizung benötigt zwar ebenfalls Strom, aber da diese Situation nur sehr selten im Jahr auftritt, sind die zusätzlichen Kosten minimal → Seite 81.

Stört meine Wärmepumpe mich und meine Nachbarn?

In der Regel sollten moderne Wärmepumpen keine nennenswerten Störungen verursachen, weder für Sie noch für Ihre Nachbarn.
Wärmepumpen, insbesondere Luft-Wasser-Wärmepumpen, entwickeln im Betrieb Geräusche. Bei geringen Gebäudeabständen – vor allem in eng bebauten Siedlungsgebieten – ist es daher wichtig, eine Wärmepumpenanlage so zu planen, dass die Anforderungen der „Technischen Anleitung zum Schutz gegen Lärm" (TA Lärm) eingehalten werden. Wählen Sie daher einen geeigneten Standort für die Wärmepumpe. Die direkte Nähe zu Schlafzimmerfenstern oder Nachbargebäuden sollten Sie vermeiden.
Durch die Verwendung von schallabsorbierenden Materialien oder speziellen Schallschutzgehäusen für Wärmepumpen können Sie den Schall weiter reduzieren. Überprüfen Sie regelmäßig den Zustand der Lüfter und anderer Komponenten, um sicherzustellen, dass sie ordnungsgemäß funktionieren → Seite 71.

Handelt es sich bei Wärmepumpen um eine neue Technologie?

Nein, Wärmepumpen sind keine neue Technologie. Das Prinzip der Wärmepumpe existiert seit langer Zeit und wurde ursprünglich für Geräte zur Kühlung entwickelt und verwendet.
Die erste Verwendung einer Wärmepumpe zur Wärmeproduktion ist für das Jahr 1852 dokumentiert, als William Thomson (Lord Kelvin) zeigte, dass Kältemaschinen, die mit dem Prinzip der Kompression arbeiten, auch gut zum Heizen genutzt werden können.
Durch die Ölkrise in den 1970er-Jahren, die zu einer Brennstoffknappheit führte, wurde die Wärmepumpe als energieeffiziente und umweltfreundliche Technologie erkannt. Die Wärmepumpe wurde seither weiterentwickelt und ist heute eine allseits bekannte Heiz- und Kühltechnologie. Viele Wärmepumpen können deshalb beides: nicht nur heizen, sondern im Sommer auch kühlen → Seite 94.

Wie hoch sind die Anschaffungs- und die Betriebskosten einer Wärmepumpe?

Die Anschaffungskosten einer Wärmepumpe für ein Einfamilienhaus sind derzeit noch höher als die einer Gas- oder Ölheizung. Eine Luftwärmepumpe kostet etwa 8.000 bis 16.000 Euro. Eine Erdwärmepumpe inklusive der Wärmequelle liegt bei 14.000 bis 28.000 Euro. Der Preis für eine Grundwasserwärmepumpe inklusive der Brunnenanlage beträgt 15.000 bis 25.000 Euro.
Die zusätzlich anfallenden Installationskosten sind von dem vorhandenen Gebäude, den Heizflächen und den sonstigen Installationen, wie zum Beispiel dem Wärmeverteilsystem, abhängig und liegen im Bereich von 10.000 bis 30.000 Euro.
Die Betriebskosten einer Wärmepumpe → Seite 84 sind niedriger als bei herkömmlichen Öl- oder Gasheizungen, denn Wärmepumpen nutzen kostenlose Umweltwärme aus Erdreich, Grundwasser oder Luft. Die Betriebskosten sind abhängig von der gewünschten Raumtemperatur, der Dämmung des Gebäudes, den Strompreisen und der Effizienz der Wärmepumpe. Jährliche Stromkosten fallen zum Beispiel bei einer Luft-Wasser-Wärmepumpe in Höhe von circa 1.100 bis 3.000 Euro an.

Welche Wärmequelle ist für die Wärmepumpe die beste?

Die Antwort auf die Frage ist davon abhängig, welches Kriterium (Kosten oder Effizienz) an die Wärmequelle angelegt wird. Kostenmäßig ist die Wärmequelle Luft die günstigste, denn im Gegensatz zu den Wärmequellen Erdwärme und Grundwasser ist keine Bohrung zur Erschließung der Quelle notwendig.

Wenn es um die Effizienz geht, so ist die Jahresarbeitszahl (JAZ) das entscheidende Kriterium. Hier liefert die Wärmequelle Grundwasser mit einer JAZ von circa 5 das beste Ergebnis. Damit sind die Betriebskosten am niedrigsten im Vergleich zu den Wärmepumpen mit anderen Wärmequellen.

Ein Fachmann kann eine detaillierte Bewertung Ihres Standorts und Ihrer Bedürfnisse vornehmen, um die am besten geeignete Wärmequelle für Ihre Wärmepumpe zu bestimmen → Seite 27.

Muss die gesamte Heizungsinstallation für den Betrieb einer Wärmepumpe geändert werden?

Wird eine Wärmepumpe anstelle einer konventionellen Heizung (Öl- oder Gasheizung) eingebaut → Seite 123, so ist es nicht immer erforderlich, das gesamte Heizungssystem zu ändern. Wenn das meist wassergeführte Wärmeverteilsystem beibehalten wird, empfehlen wir, durch ein Fachunternehmen einen sogenannten hydraulischen Abgleich und weitere Optimierungen → Seite 135 vornehmen zu lassen.

Wärmepumpen arbeiten am effizientesten mit Niedertemperatursystemen wie Fußbodenheizungen oder Wandheizungen. Diese arbeiten mit niedrigeren Vorlauftemperaturen im Vergleich zu traditionellen Heizkörpern. Wenn das bestehende Heizungssystem auf hohe Vorlauftemperaturen ausgelegt ist, kann es erforderlich sein, das Wärmeverteilsystem anzupassen oder zu ergänzen, um die Effizienz der Wärmepumpe zu erhöhen. Auch kann ein Pufferspeicher die Effizienz der Wärmepumpe verbessern. Ein Pufferspeicher speichert die erzeugte Wärme und gibt sie bei Bedarf wieder ab → Seite 107.

Wie lang ist die Lebensdauer und welche Reparaturkosten kommen auf mich zu?

Wärmepumpen haben in der Regel eine Lebensdauer von etwa 15 bis 20 Jahren oder sogar länger, wenn sie ordnungsgemäß gewartet werden.

Was die Reparaturkosten betrifft, können diese je nach Art der Wärmepumpe, der spezifischen Komponenten und des aufgetretenen Problems variieren. Während der Garantiezeit werden die Reparaturen meist durch die Herstellergarantie abgedeckt, sofern keine unsachgemäße Handhabung vorliegt. Von daher ist es ratsam, regelmäßige Wartungsarbeiten durchzuführen, um Probleme frühzeitig zu erkennen und die Wahrscheinlichkeit größerer Reparaturen zu verringern → Seite 135.

Welche Förderungen kann ich für die Anschaffung meiner Wärmepumpe nutzen?

Sowohl für den Einbau einer Wärmepumpe im Neubau als auch für den Austausch einer alten Heizung gegen eine Wärmepumpe gibt es derzeit attraktive Zuschüsse.

Die Bundesförderung für energieeffiziente Gebäude (BEG) unterstützt unter anderem den Einsatz neuer Heizungsanlagen, die Optimierung bestehender Heizungsanlagen, Maßnahmen an der Gebäudehülle und den Einsatz optimierter Anlagentechnik. Bei Ersatz einer funktionstüchtigen Öl-, Kohle- oder Nachtspeicherheizung beträgt der Fördersatz bis zu 40 Prozent der förderfähigen Kosten. Neue Fördersätze werden aktuell erarbeitet. (Stand: September 2023) → Seite 152.

Neben der Bundesförderung gibt es auch Förderprogramme der Bundesländer und der Kommunen. Die Förderdatenbank des Bundeswirtschaftsministeriums (www.foerderdatenbank.de) gibt einen aktuellen Überblick über bestehende Programme. Auch bei der Verbraucherzentrale (www.verbraucherzentrale.de) können Sie sich informieren.

Weiterhin bieten einige Energieversorger Förderprogramme und Sondertarife für Wärmepumpen an. Es lohnt sich, wenn Sie bei Ihrem Energieversorger nach Fördermöglichkeiten fragen → Seite 145.

Warum ist die Wärmepumpe gut fürs Klima?

In Deutschland sind fast 20 Millionen Gas- und Ölheizungen installiert. Sie verbrennen zum Heizen von Häusern und Wohnungen die fossilen Brennstoffe Erdgas und Öl und emittieren dabei auch das klimaschädliche Kohlendioxid (CO_2). CO_2 ist unter anderem für den Treibhauseffekt verantwortlich und damit für den globalen Temperaturanstieg und die Klimaveränderungen.

Klimaforscher warnen bereits seit längerer Zeit vor den Folgen des Klimawandels. Denn der verursacht zum Beispiel Wetterextreme, Flutkatastrophen und Gletscherschmelzen. Der Klimawandel wird schon jetzt und zunehmend auch in unseren Breitengraden sichtbar. Dem soll die Energiewende entgegenwirken. Ziel ist es, bis 2050 den Anteil der erneuerbaren Energien am Stromverbrauch auf 80 Prozent zu steigern und den Treibhausgasausstoß um 80 bis 95 Prozent zu senken. Gelingen soll dies durch eine Transformation des bestehenden Energiesystems in den Bereichen Strom, Wärme und Mobilität. Fossile und nukleare Energieträger sollen mehr und mehr durch erneuerbare Energien ersetzt werden.

Hinzu kommt: Der Ukrainekrieg hat zu Verknappungen auf dem Strom- und Gasmarkt geführt und die Preise stark steigen lassen. Er hat zudem gezeigt, wie problematisch die Abhängigkeit von diesen Energieformen sein kann. Viele Menschen suchen nun nach Alternativen zur Beheizung ihrer Häuser. Hier ist die Wärmepumpe eine Schlüsseltechnologie, denn sie nutzt die unerschöpfliche Umweltwärme aus der Erde, dem Grundwasser oder der Außenluft.

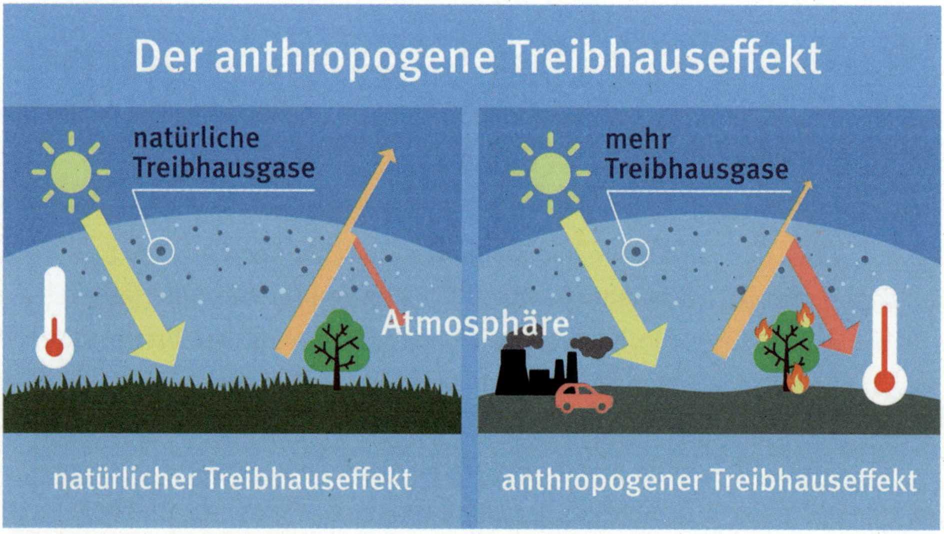

Abb. 1: Natürlicher und von Menschen verursachter Treibhauseffekt.

Der Klimawandel schreitet voran

Die Erdoberfläche wird von der kurzwelligen Sonnenstrahlung erwärmt. Dabei reflektiert sie die einfallende Strahlung als langwellige Wärmestrahlung, die von den in der Atmosphäre vorhandenen Treibhausgasen teilweise absorbiert wird. Durch anschließende Abgabe der aufgenommenen Energie wird ein Teil der Strahlung zur Erde zurückgestrahlt und die Erdoberfläche und die untere Atmosphärenschicht erwärmt. Dieser Gesamtprozess wird als Treibhauseffekt bezeichnet. Der natürliche Treibhauseffekt ermöglicht erst das Leben auf der Erde. Ohne Treibhausgase würde die Durchschnittstemperatur auf der Erde bei etwa -18 Grad Celsius liegen – und die Erde und das Leben auf ihr hätten sich nie so entwickelt, wie wir es heute kennen.

Der zusätzliche Ausstoß von Treibhausgasen durch den Menschen, zum Beispiel durch die Verbrennung von Öl, Gas und Kohle zum Heizen, verstärkt jedoch diesen natürlichen Effekt. Beim Verbrennen fossiler Energieträger wird das Treibhausgas CO_2 freigesetzt, die Temperaturen steigen mehr und mehr und führen zum globalen Klimawandel. Unser Heizverhalten, das momen-

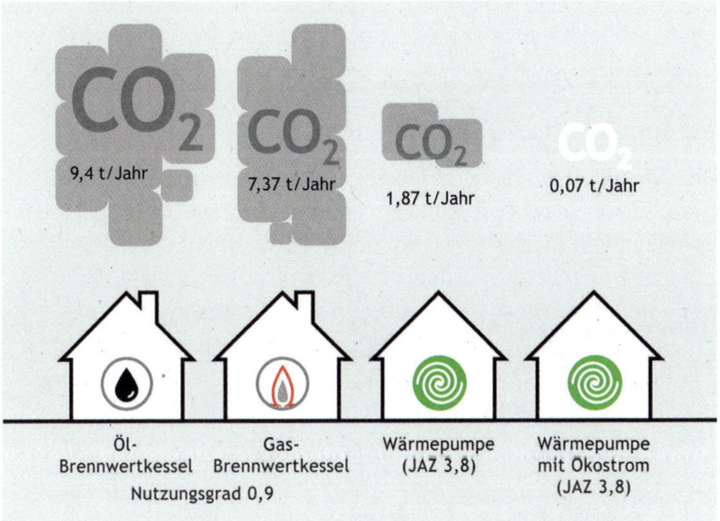

Abb. 2: CO_2-Ausstoß (gemessen in Kilogramm pro Jahr, kg/a) einzelner Wärmeerzeuger im Bestand (156 m² Nutzfläche). Die Jahresarbeitszahl (JAZ) ist ein Maß für die Effizienz der Wärmepumpe (→ Seite 29).

tan noch stark durch das Verbrennen der fossilen Brennstoffe Öl und Gas dominiert ist, hat also unmittelbaren Einfluss auf den Klimawandel. Heizen mit der Wärmepumpe kann die CO_2-Emissionen enorm reduzieren.

Die Zielmarke: maximal 1,5 Grad Erderwärmung

Die Energiepolitik weltweit hat mehrheitlich die Gefahren, die mit dem Treibhauseffekt verbunden sind, erkannt und konzentriert sich deshalb auf vorbeugende Maßnahmen, die die Verbrennung von fossilen Brennstoffen wie Öl, Kohle und Gas und damit die CO_2-Emissionen möglichst weitgehend vermeiden.

Die Weltgemeinschaft hat dazu unter anderem den Weltklimarat ins Leben gerufen. Der Weltklimarat (Intergovernmental Panel on Climate Change, IPCC) wurde vom Umweltprogramm der Vereinten Nationen (UNEP) und der Weltorganisation für Meteorologie (WMO) als zwischenstaatliche Institution 1988 gegründet, um für politische Entscheidungsträger den Stand der wissenschaftlichen Forschung zum Klimawandel zusammenzufassen. Hauptaufgabe des IPCC ist es, die naturwissenschaftlichen Grund-

HINTERGRUND

Fossile Energien erzeugen hohe CO_2-Emissionen

Laut Umweltbundesamt verursacht ein Heizölkessel pro Kilowattstunde Heizenergie 318 Gramm CO_2. Bei einer Wohnfläche von 120 Quadratmetern und einem jährlichen Heizenergiebedarf von 15.000 Kilowattstunden verursacht die Ölheizung CO_2-Emissionen in Höhe von 4,7 Tonnen CO_2 im Jahr. Eine Erdgasheizung emittiert durchschnittlich 247 Gramm CO_2 pro Kilowattstunde. Dies verursacht bei gleicher Wohnfläche und gleichem Heizenergiebedarf eine CO_2-Emission von 3,7 Tonnen CO_2 pro Jahr. Bei einer Wohnfläche von 156 Quadratmetern ist der CO_2-Ausstoß entsprechend höher (siehe Abb. 2 → Seite 17). Eine Wärmepumpe, die mit Ökostrom betrieben wird, verursacht nur minimale CO_2-Emissionen. Deutschland ist mit 750 Millionen Tonnen CO_2 weltweit der sechstgrößte CO_2-Emittent. Pro Kopf emittieren wir in Deutschland circa 9,2 Tonnen CO_2 pro Jahr. Geht man davon aus, dass in Deutschland gegenwärtig mehr als 50 Prozent der gesamten energiebedingten CO_2-Emissionen entstehen, wenn Raum- und Prozesswärme erzeugt wird, so wird deutlich, dass das Heizen mit fossilen Energieträgern wie Öl und Gas entscheidend für die Emission von Treibhausgasen und den Klimawandel ist. Die Reduktion dieser CO_2-Emissionen beim Heizen ist daher der Schlüssel, um den fortschreitenden Klimawandel abzubremsen.

lagen und den weltweiten Forschungsstand über die Auswirkungen der globalen Erwärmung, ihre Risiken sowie Minderungs- und Anpassungsstrategien zusammenzutragen und aus wissenschaftlicher Sicht zu bewerten. Der IPCC veröffentlicht unter anderem Sachstandsberichte. Ein Sonderbericht des IPCC hat im Jahr 2015 das sogenannte 1,5-Grad-Ziel auf der 21. UN-Klimakonferenz in Paris (COP 21) ausgerufen. Demnach soll der menschengemachte globale Temperaturanstieg durch den Treibhauseffekt auf 1,5 Grad Celsius begrenzt werden, gerechnet vom Beginn der Industrialisierung (1850 bis 1900) bis zum Jahr 2100. Fast alle Staaten der Erde – so auch Deutschland – haben auf dieser Klimakonferenz 2015 mit dem Übereinkommen von Paris einem Vertrag zugestimmt, nach dem sie Anstrengungen zum Erreichen des 1,5-Grad-Ziels unternehmen wollen.

Diese Ziele sollen unter anderem erreicht werden:

→ Die Zunahme von Durchschnittstemperaturen, Hitzeextremen, Dürren, Starkniederschlägen und Niederschlagsdefiziten soll reduziert werden.
→ Der Meeresspiegel soll weniger als 0,1 Meter ansteigen.
→ Es werden weniger Arten aussterben und die Schäden an Ökosystemen an Land, im Süßwasser und an Küsten sollen verringert werden.
→ Es werden geringere Risiken für die menschliche Gesundheit erwartet. Die Nahrungsmittel- und Wasserversorgung soll gesichert werden.

All das soll dazu beitragen, die möglichen Folgen des Klimawandels weltweit einzudämmen. Der neueste Bericht des Weltklimarats (Stand: März 2023) konstatiert jedoch: Die bisherigen Klimaschutzbemühungen reichen nicht aus, um die Erderwärmung wirksam zu begrenzen. Und die Wissenschaftler warnen: Das Zeitfenster, im dem sich noch etwas bewirken lässt, werde sich bald schließen. Entscheidend sei, was in dieser Dekade passiere.

HINTERGRUND

Physikalische Einheiten

Energie ist eine fundamentale physikalische Größe. Sie gibt es in verschiedenen Energieformen, die ineinander umgewandelt werden können. Es gibt zum Beispiel Bewegungsenergie, potenzielle Energie, elektrische Energie, Wärmeenergie. Energie beschreibt die Fähigkeit, Arbeit zu leisten oder Wärme abzugeben. Sie wird gebraucht, wenn etwas in Bewegung gesetzt, beschleunigt, hochgehoben oder erwärmt werden soll. **Leistung** ist die umgesetzte Energie pro Zeitspanne. Es ist also die verrichtete Arbeit oder die Wärmeenergie dividiert durch die dazu benötigte Zeit.

PHYSIKALISCHE GRÖSSE	EINHEIT	
Energie	Kilowattstunde	kWh
Masse	Kilogramm	kg
	Gramm	g
Leistung	Watt	W
	Kilowatt = 1000 Watt	kW
Temperatur	Grad Celsius	°C
	Kelvin	K
Länge	Meter	m
Fläche	Quadratmeter	m^2
Zeit	Stunde	h
	Jahr	a

Abb. 3: Physikalische Größen und ihre Einheiten.

Am besten wäre es natürlich, man müsste überhaupt nicht heizen. In sogenannten Passivhäusern ist das bereits möglich, sie kommen ohne ein klassisches Heizsystem aus. Passivhäuser verfügen über einen so guten baulichen Wärmeschutz, dass die benötigte Heizwärme über passive Sonneneinstrahlung durch die Fenster und ein Zuheizen über die Lüftungsanlage erfolgen kann. Mehr dazu unter: www.passiv.de

Wenn nun aber doch geheizt werden muss: Wie kann ein „richtiges" Heizen dazu beitragen, dass CO_2-Emissionen reduziert werden und der Klimawandel verlangsamt wird? Elektrische Wärmepumpensysteme leisten hierzu einen wichtigen Beitrag, indem sie Umweltwärme (aus der Erde, der Luft oder dem Grundwasser) und nicht genutzte Abwärme (zum Beispiel aus einem Lüftungssystem) verwenden, das heißt in den Energiefluss einkoppeln. So lässt sich der Verbrauch fossiler Energieträger reduzieren, was zu einer Reduktion der Emissionen vor Ort und damit auch insgesamt führt.

Zum Betrieb einer Wärmepumpe wird Strom benötigt. Mit einer Wärmepumpe können aus 1 Kilowattstunde elektrischer Energie bis zu 5 Kilowattstunden Wärme aus der Luft, dem Grundwasser oder dem Erdreich gewonnen werden. Damit die CO_2-Emissionen beim Heizen mit Wärmepumpen möglichst gering sind, sollte auch die Produktion von Strom, den die Wärmepumpe benötigt, möglichst CO_2-arm erfolgen. Das ist der Fall, wenn möglichst viel Strom aus erneuerbaren Energien (Windenergie, Solarenergie, Geothermie, biogene Energie) erzeugt wird. Dann ist das Heizen mit einer Wärmepumpe besonders klimafreundlich und kann sogar klimaneutral sein (→ Seite 29).

Die Nutzung von elektrischer Energie hat zudem, im Unterschied zum Einsatz von Öl oder Gas, einen weiteren Vorteil: Die Emissionen, die bei der Erzeugung von Wärme entstehen, sind (ebenso wie bei der Fernwärme) in die Kraftwerke oder Heizzentralen verlagert, sodass vor Ort keine Schadstoffe freigesetzt werden – was im Winter in dicht bebauten Gebieten zu einer Verringerung der Luft-Schadstoffbelastung führt.

Die Energiewende soll es richten

Weltweit werden derzeit die Energiesysteme zur Produktion von Strom und Wärme geändert. Dies wird als Energiewende bezeichnet. „Energiewende" ist der Kurzbegriff für einen fundamentalen Wechsel in der Energieversorgung: Das Energiesystem in Deutschland, das bisher auf Kernenergie, Kohle, Öl und Gas beruht, wird transformiert zu einer neuen Energieversorgung auf Basis erneuerbarer Energien (EE) – Windenergie, Sonnenenergie, Wasserkraft, Energie aus Biomasse und Erdwärme (Geothermie).

HINTERGRUND

Ziele der Energiewende in Deutschland

- Der Anteil der erneuerbaren Energien am Bruttostromverbrauch soll bis zum Jahr 2030 auf 65 Prozent erhöht werden.
- Die Treibhausgasemissionen sollen bis 2030 gegenüber 1990 um 55 Prozent gesenkt werden.
- Bis 2045 soll Deutschland klimaneutral sein.

Auch die Europäische Union (EU) hat ambitionierte Ziele festgesetzt, um den Ausstoß von Treibhausgasen zu verringern. Viele Staaten haben zur Erreichung des 1,5-Grad-Ziels erklärt, ihre Stromsysteme vollständig zu dekarbonisieren – also frei von CO_2-Emissionen zu machen. Die wichtigste Rolle spielt dabei die vermehrte Nutzung von erneuerbaren Energien; denn diese produzieren weitestgehend CO_2-frei Strom und Wärme. Dazu kommen das Energiesparen und die möglichst effiziente Nutzung von Energie.

Die Energiewende in Deutschland ist zusätzlich mit dem Ausstieg aus der Kernenergienutzung verbunden. Kernenergie ist zwar weitestgehend CO_2-frei, findet aber in Teilen der Bevölkerung keine Akzeptanz. Sie wird als zu risikoreich angesehen, was auch die Katastrophen von Fukushima 2011 und Tschernobyl 1986 gezeigt haben. Zudem ist die Endlagerung des hoch radioaktiven Abfalls aus Kernkraftwerken für Hunderttausende von Jahren bislang noch ungelöst.

Die erneuerbaren Energien werden nach und nach zu den tragenden Säulen des Stromsystems. Sie haben einen weiteren großen Vorteil: Während ein großer Teil der bisherigen Energieträger (Öl, Gas, Uran und Steinkohle) nach Deutschland importiert werden muss, sind die erneuerbaren Energien heimische Energien, die somit die Wertschöpfung vor Ort erhöhen und die Importabhängigkeit reduzieren.

Ein weiterer Faktor, der die Energiewende beschleunigen kann, ist der im Februar 2022 ausgebrochene Ukrainekrieg. Er hat zu stark steigenden Preisen für Öl (Heizöl, Kraftstoff), Gas und Strom geführt. Zwar werden die hohen Energiepreise durch verschiedene Maßnahmen der Bundesregierung abgemildert, gleichwohl zeigt sich die Abhängigkeit von fossilen Energien, die es zu überwinden gilt. Wer in moderne Heizungstechnik wie die Wärmepumpe investiert, macht sich unabhängiger von fossilen Energien. Gleiches gilt auch für die energetische Sanierung von Gebäuden.

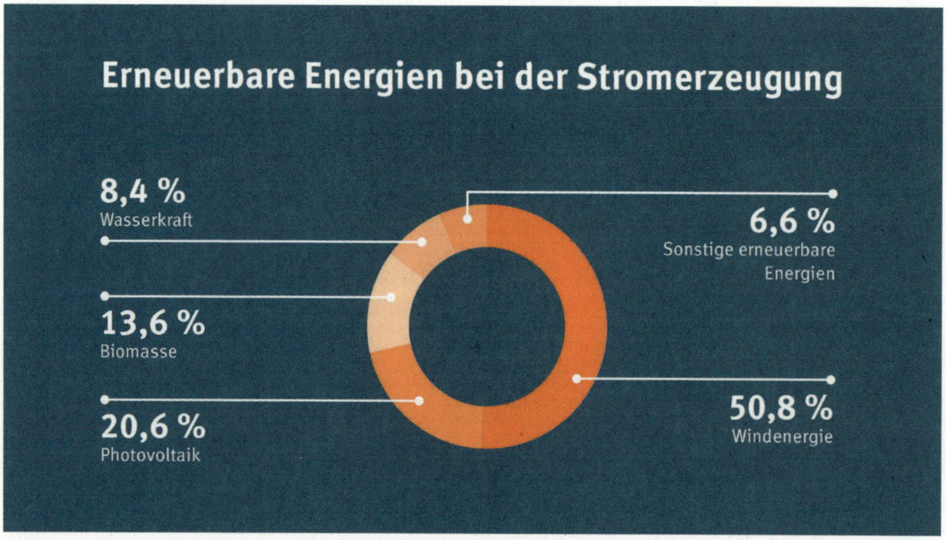

Abb. 4: Anteil erneuerbarer Energien an der Stromerzeugung in Deutschland in Prozent im Jahr 2021.

Weniger CO_2 durch Wärmepumpen

Wärmepumpen werden elektrisch angetrieben und benötigen hierfür Strom. Sollen sie treibhausgasfrei betrieben werden, muss Strom aus erneuerbaren Energien eingesetzt werden. Dieser wird durch Solarenergie (Photovoltaik), Windenergie, Wasserkraft, Bioenergie (Biogasanlagen) und Geothermie (geothermische Kraftwerke) erzeugt. Der meiste Strom in Deutschland aus erneuerbaren Energien wird durch Windenergie erzeugt: 111,5 Terawattstunden im Jahr 2021, das sind immerhin 50,8 Prozent der Stromproduktion aus erneuerbaren Energien. Es folgen Strom aus Bioenergie (29,9 Terawattstunden, 13,6 Prozent), der Photovoltaik (45,2 Terawattstunden, 20,6 Prozent) und der Wasserkraft (18,5 Terawattstunden, 8,4 Prozent). Strom aus Geothermie bildet mit 0,2 Terawattstunden (0,1 Prozent) noch das Schlusslicht.

42,4 Prozent des Stroms stammten im Jahr 2021 in Deutschland aus erneuerbaren Energien. Der Rest kam aus konventionellen Energieträgern, nämlich Kohle, Erdgas und Kernenergie. Je höher der Anteil der erneuerbaren Energien am Strommix in Deutschland sein wird, umso weniger Treibhausgase werden emittiert – und somit wird das Klima geschont.

Ziel der Bundesregierung ist es, in Deutschland bis zum Jahr 2045 klimaneutral zu werden, also keine Treibhausgase mehr zu emittieren.

Schon jetzt können Sie bestimmen, welchen Strommix Sie beziehen. Anbieter von erneuerbarem Strom ermöglichen es, treibhausgasfrei beim Stromverbrauch zu sein.

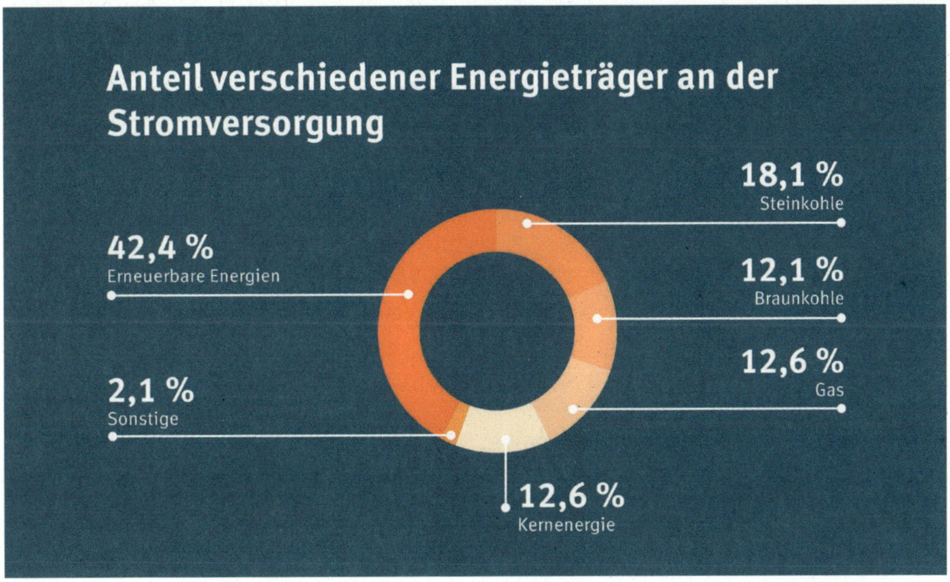

Abb. 5: Anteil der Energieträger an der Stromerzeugung in Deutschland in Prozent im Jahr 2021.

Nutzer einer Wärmepumpe, die erneuerbaren Strom beziehen, sind dann auch bei der Erzeugung von Wärme treibhausgasfrei.

Mit 1 Kilowattstunde Strom können etwa 3 bis 5 Kilowattstunden Wärme produziert werden, je nach Effizienz der Wärmepumpe. Der Umstieg von einer fossil betriebenen Heizung auf eine Wärmepumpe ist in der Regel mit einer CO_2-Einsparung verbunden. Das Fraunhofer-Institut für Solare Energiesysteme ISE hat berechnet, welche CO_2-Emissionsminderungen mit einer Wärmepumpe gegenüber einem Gaskessel, der sogar um eine umweltfreundliche CO_2-sparende Solarthermieanlage (Nutzung der Wärme der Sonnenstrahlung) erweitert wurde, erzielbar sind.

Es wird in der Studie davon ausgegangen, dass die Treibhausgas-Emissionen für Strom in Deutschland im Jahr 2020 366 Gramm/Kilowattstunde betrugen (Strommix aus konventionellen und erneuerbaren Energien). Die Berechnung des Fraunhofer ISE hat ergeben, dass bei einer Effizienz der Wärmepumpe von 4,5 (das bedeutet: 1 Kilowattstunde Strom produziert 4,5 Kilowattstunden Wärme) sich eine CO_2-Emissionsminderung von 60 Prozent gegenüber dem Gaskessel mit solarthermischer Anlage ergibt. Werden die erneuerbaren Energien in Deutschland weiter ausgebaut, folgt daraus im Jahr 2030 laut Fraunhofer ISE eine Emissionsminderung von 91 Prozent. Mit anderen Worten: Die CO_2-Minderung per Wärmepumpe ist jetzt schon erheblich und kann bis 2030 um weitere 31 Prozentpunkte ausgebaut werden.

GUT ZU WISSEN

Gütesiegel

Es gibt verschiedene Gütesiegel, die die Qualität des sogenannten Ökostroms bewerten. Das Gütesiegel Grüner Strom (→ Abb. 6) ist das älteste Ökostromlabel in Deutschland. Es wird von Umweltverbänden wie NABU und BUND getragen und empfohlen.

Abb. 6: Ökostromlabel.

Herausforderungen und Chancen

Wärmepumpen sind ein klimafreundliches Heizsystem der Zukunft. Das birgt eine Reihe von Herausforderungen und Chancen für den Wärmepumpenmarkt. Bislang (Stand Ende 2022) sind in Deutschland circa 1,4 Millionen Wärmepumpen installiert. Damit die CO_2-Einsparung durch Wärmepumpen noch größer wird, muss die Anzahl der installierten Wärmepumpen weiter steigen. Die Bundesregierung hat dazu Mitte 2021 einen Wärmepumpengipfel – eine Initiative von Industrie, Verbänden und Politik – ins Leben gerufen. Ziel ist es, ab 2024 jährlich mindestens 500.000 Wärmepumpen zu installieren. Bis 2030 sollen dann rund 6 Millionen Wärmepumpen installiert sein. Wärmepumpen werden aktuell staatlich so stark gefördert wie kein anderes Heizungssystem (→ Seite 145).

Auch wenn es derzeit noch an manchen Stellen hakt: Hersteller und Zulieferindustrie wollen die Produktion von Wärmepumpen durch massive Investitionen steigern. Durch eine verstärkte Automatisierung der Produktion sollen Wärmepumpen, Komponenten oder Baukastensysteme effizienter gefertigt und damit billiger werden. Und es sollen Einbauprozesse erleichtert und digitale Lösungen für die Inbetriebnahme, Wartung und Betriebsoptimierung etabliert werden. So soll auch die heimische Industrie gestärkt werden.

Weiterhin soll daran gearbeitet werden, dass genügend Fachkräfte am Markt verfügbar sind, um den Ausbau zu garantieren. Schulungs- und Lernkonzepte für Handwerker, Planende und Beratende zum Thema Wärmepumpe sollen bedarfsorientiert weiterentwickelt und ausgeweitet werden.

HINTERGRUND

Das Gebäudeenergiegesetz

Als weiteren Baustein für Klimaschutz und erneuerbare Energien im Wärmebereich hat die Bundesregierung eine Novelle des Gebäudeenergiegesetzes (GEG) auf den Weg gebracht. Das neue GEG wurde im September 2023 im Bundestag verabschiedet. Als wichtiges Ziel ist im GEG festgelegt worden, dass jede neue Heizung ab 1.1.2024 zu 65 Prozent mit erneuerbaren Energien betrieben werden soll (65-%-Gebot). Wärmepumpen erfüllen diese Anforderung. Das 65-%-Gebot gilt für Gebäude in Neubaugebieten.

Für bestehende Gebäude sollen die Kommunen zunächst eine kommunale Wärmeplanung erarbeiten. Auf dieser Grundlage sollen Hausbesitzer entscheiden können, ob sie sich an ein Wärme- oder Gasnetz anschließen oder eine Wärmepumpe oder eine andere klimafreundliche Heizung einbauen lassen. Die Wärmeplanung soll in Kommunen mit über 100.000 Einwohnern bis Mitte 2026 und für die restlichen bis Mitte 2028 erstellt werden.

Grundsätzlich gilt: Bestehende Heizkessel dürfen bis 31.12.2044 mit fossilen Brennstoffen betrieben werden. Defekte Geräte können repariert oder für eine Übergangsfrist durch Gebrauchtgeräte ersetzt werden. Das 65-%-Gebot soll gelten, wenn eine Heizung ab 1.1.2024 neu eingebaut wird. In Großstädten mit mehr als 100.000 Einwohnern gilt das 65-%-Gebot für neue Heizungen in Bestandsgebäuden und in Neubauten außerhalb von Neubaugebieten erst ab dem 1.7.2026, in Kommunen mit weniger als 100.000 Einwohnern ab dem 1.7.2028.

Gas- und Ölheizungen, die in der Zeit vom 1.1.2024 bis zum 1.7.2026 bzw. 2028 installiert werden, müssen ab 2029 mit wachsenden Anteilen von Biogas oder Bioöl betrieben werden (ab 2029: 15 Prozent, ab 2035: 30 Prozent, ab 2040: 60 Prozent).

In Kommunen mit mehr als 100.000 Einwohnern dürfen neue Gasheizungen ab 1.7.2026 nur noch installiert werden, wenn sie auf 100 Prozent Wasserstoff umgerüstet werden können. In Kommunen mit weniger als 100.000 Einwohnern gilt dies ab 1.7.2028.

Erstellen einzelne Kommunen in der Zwischenzeit aufgrund des (sich noch in Vorbereitung befindlichen) Wärmeplanungsgesetzes einen kommunalen Wärmeplan, gilt Folgendes: Wurde für Gebiete innerhalb dieser Kommune laut Wärmeplan entschieden, dass dort keine Versorgung mit einem Wärme- oder Wasserstoffnetz vorgesehen ist, so gilt nach Ablauf eines Monats das 65-%-Gebot für neue Heizungen.

Die Regelungen des GEG im Wortlaut: https://dserver.bundestag.de/btd/20/068/2006875.pdf. Weitere Erläuterungen: www.verbraucherzentrale.de/node/13886

Wie funktioniert die Wärmepumpe?

Täglich begegnen wir dem Funktionsprinzip einer Elektrowärmepumpe. Ein Kühlschrank ist nichts anderes als eine „umgekehrte“ Wärmepumpe: Wärme aus dem Innenraum des Kühlschranks wird nach außen „gepumpt“. Innen wird es kalt.

Technischer formuliert, funktioniert die Wärmepumpe beim Kühlschrank so: Dem Innenraum wird Wärme entzogen, die auf der Rückseite des Kühlschranks mit einem höheren Temperaturniveau an die Umgebungsluft abgegeben wird. Ein Kühlschrank enthält alle Komponenten, die auch für den Betrieb einer Elektrowärmepumpe erforderlich sind. Nur nimmt die Wärme dann genau den anderen Weg: von außen nach innen, um Wärme im Gebäude oder Warmwasser zu erzeugen. Ob Kühlschrank oder Wärmepumpe zum Heizen des Hauses: Es handelt sich um eine altbewährte Technik.

Eine Wärmepumpen-Heizungsanlage besteht aus drei Teilen (siehe Abb. 1 → Seite 28):

1. der Wärmequellenanlage, die der Umgebung die benötigte Energie entzieht,
2. der eigentlichen Wärmepumpe, die die gewonnene Umweltwärme nutzbar macht, also die benötigte Vorlauftemperatur des Heizsystems bereitstellt,
3. dem Wärmeverteil- und Speichersystem, das die Wärme im Haus verteilt oder zwischenspeichert.

Das zentrale Element einer Wärmepumpen-Heizungsanlage ist die Wärmepumpe. Sie nutzt die physikalischen Funktionen Verdampfen, Verdichten, Kondensieren und Entspannen in einem Kreisprozess für den Wärmetransport. Diese Prozesse geschehen in einem hermetisch geschlossenen Kreislauf. Dieser enthält ein Kältemittel, das be-

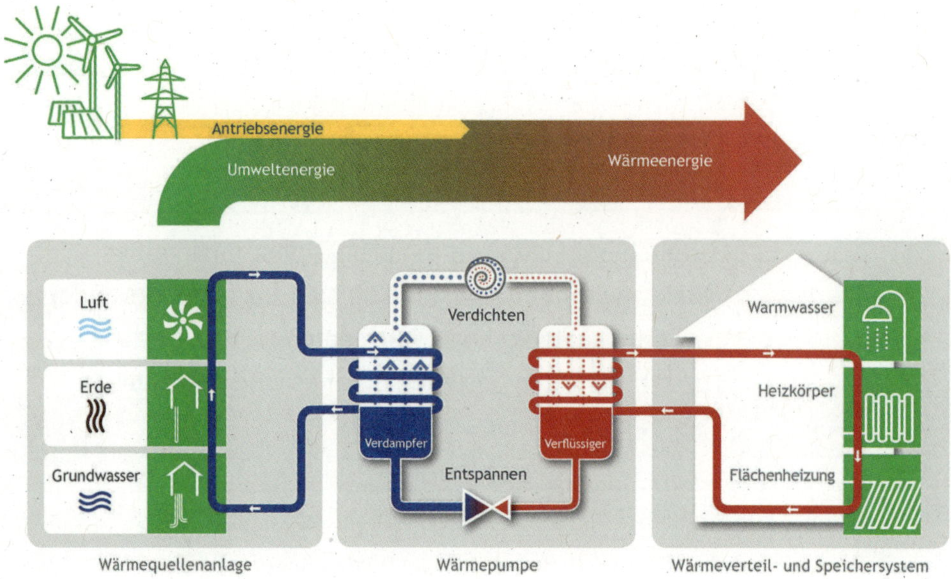

Abb. 1: Funktionsprinzip einer Wärmepumpe.

reits bei sehr niedrigen Temperaturen von zum Beispiel circa -40 Grad Celsius (je nach Kältemittel) verdampft (der Aggregatzustand wechselt von flüssig zu gasförmig). Dabei wird Wärme aufgenommen. Das bedeutet, dass auch bei -20 Grad Celsius Außenluft das Kältemittel unter Wärmeaufnahme verdampft werden kann. Der Kältemitteldampf wird mit dem Kompressor verdichtet und erhitzt sich dabei stark, wie die Luft in einer Fahrradpumpe beim Aufpumpen des Reifens. Dahinter steckt ein physikalisches Prinzip: der sogenannte Joule-Thomson-Effekt. Das stark erhitzte gasförmige Kältemittel gibt über einen Wärmetauscher die Wärme an das Heizungswasser ab und kondensiert dabei (Kondensator; der Aggregatzustand wechselt von gasförmig zu flüssig). Dabei wird Wärme abgegeben. Über ein Expansionsventil wird der Überdruck anschließend abgebaut. Dabei kühlt sich das Kältemittel wieder ab – ähnlich wie eine unter Druck stehende Spraydose abkühlt, wenn das Spraymittel freigesetzt wird. Danach kann der gesamte Prozess wieder von vorn beginnen.

Beim Kühlschrank wird dem Innenraum Wärme entzogen, bei einer Wärmepumpe der Umwelt. Dafür eignen sich zum Beispiel die Luft, das Wasser, aber auch das Erdreich. Man kann also mit Umweltwärme, die sich ständig wieder natürlich erneuert, heizen, warmes Wasser oder warme Luft erzeugen.

Zum Antrieb benötigt die Wärmepumpe Strom. Abbildung 1 zeigt im oberen Bereich den Energiefluss und veranschaulicht, wie aus der Umweltenergie und der Antriebsenergie die resultierende Wärmeenergie wird.

Wie effizient sind Wärmepumpen?

Für die Wärmepumpentechnik gibt es spezifische Kenngrößen, um Leistung und Effizienz zu beurteilen. Eine wesentliche Größe ist der COP (Coefficient of Performance), der aus dem Verhältnis zwischen Leistungsaufnahme und abgegebener Leistung gebildet wird. Diese Leistungszahl bewertet die Effizienz der Wärmepumpe, und zwar ausschließlich bezogen auf die im Gerät integrierten Aggregate unter Laborbedingungen.

COP

=

abgegebene Wärmeleistung (in Kilowatt) : aufgenommene elektrische Leistung (in Kilowatt) (bei definierten Laborbedingungen)

Die COP-Werte werden von unabhängigen, akkreditierten Prüfstellen nach der Norm DIN EN 14511 ermittelt und haben sich international als Qualitätskriterium für Wärmepumpen durchgesetzt.

Die Leistungszahl COP ist allerdings nur eine Momentaufnahme, die bei einem einzigen Temperaturbetriebspunkt gemessen wird. Damit kann die Qualität des Wärmepumpenprozesses bewertet werden. Es gibt außerdem den SCOP, den „Seasonal Coefficient of Performance“, bei dem der COP bei vier unterschiedlichen Temperaturen, die den Jahreszeiten entsprechen, gemessen wird. COP und SCOP dienen dem Fachplaner als ein Kriterium zur Auswahl der geeigneten Wärmepumpe.

Zur Beurteilung der Leistung und der Effizienz einer Wärmepumpe wird eher die Jahresarbeitszahl (JAZ) herangezogen. Sie berücksichtigt die sich ändernden Bedingungen im Jahresverlauf und ist die wichtigste Kenngröße für den wirtschaftlichen Betrieb einer Wärmepumpe. Die Jahresarbeitszahl

(JAZ) beschreibt das Verhältnis zwischen abgegebener Leistung an das Heiz- und Warmwassersystem und aufgenommener elektrischer Leistung: Wie viele Einheiten elektrischer Energie sind nötig, um wie viele Einheiten Wärme zu erzeugen? Die JAZ 4 bedeutet zum Beispiel, dass die Wärmepumpe pro Kilowattstunde Strom im Schnitt 4 Kilowattstunden Wärme ans Haus abgibt. Dabei werden innerhalb eines Jahres als Betrachtungszeitraum alle eingesetzten Hilfsenergien (zum Beispiel Energie zum Betreiben von Steuerelektronik und Pumpen) mitberücksichtigt. Je höher die Jahresarbeitszahl, desto effizienter arbeitet die Wärmepumpe. Die JAZ lässt sich immer nur rückwirkend für das vergangene Jahr bestimmen.

JAZ

=

Nutzwärme : zugeführte Antriebsenergie (pro Jahr)

Die Jahresarbeitszahl ist vergleichbar mit dem bekannten Jahresnutzungsgrad einer herkömmlichen Heizanlage. Die JAZ beschreibt, wie viel Antriebsenergie für die Wärmepumpe benötigt wird und wie viel Heizenergie produziert wird. Dieses wird über das gesamte Jahr und speziell für die in einem Gebäude eingebaute Wärmepumpe betrachtet. Auf die Jahresarbeitszahl haben die energetische Qualität des Gebäudes, die hydraulische Einbindung, die Vorlauftemperatur und die Größe der Heizflächen, der Verbrauch an Warmwasser und das Nutzerverhalten einen bedeutenden Einfluss. Für den Vergleich der Heizungssysteme ist wichtig, dass die gleichen System- oder Bilanzgrenzen (→ Seite 44) – also zum Beispiel welche Aggregate zum Heizsystem gehören – herangezogen werden.

→ TIPP Wärmemengenzähler

Die Effizienzangaben des Herstellers zur Wärmepumpe beruhen auf Messungen unter Laborbedingungen, häufig erreichen die Geräte die Laborwerte in der Praxis jedoch nicht. Lassen Sie sich daher einen Wärmemengenzähler einbauen, sofern nicht schon vorhanden. So können Sie überprüfen, ob Ihr System effizient läuft, und nachsteuern, falls nötig.

Zur objektiven Beurteilung der Effizienz von Wärmepumpen gibt es anerkannte Berechnungsverfahren. Diese wurden zum Beispiel vom Verein Deutscher Ingenieure (VDI) oder vom Deutschen Institut für Normung (DIN) entwickelt und festgelegt. Ein Verfahren zur Berechnung der Jahresarbeitszahl bietet die VDI-Norm 4645. Eine Wirtschaftlichkeitsbe-

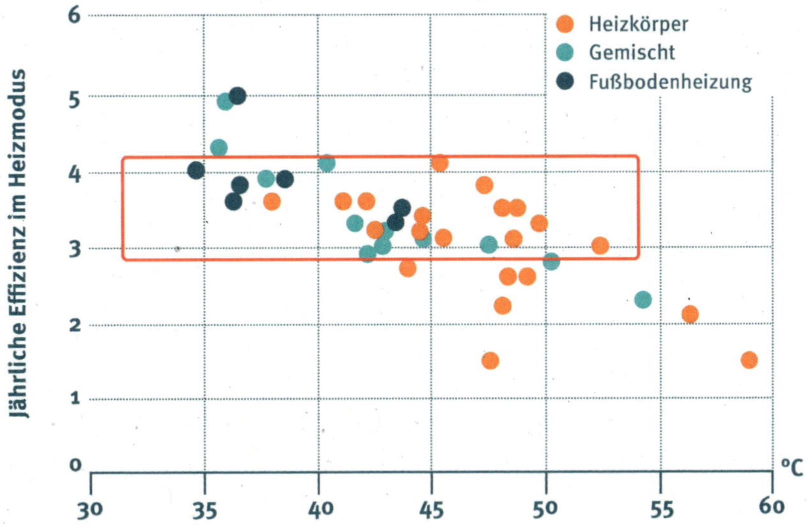

Abb. 2: Ergebnis der Messungen von Jahresarbeitszahlen (Effizienz) von Luftwärmepumpen in Abhängigkeit von Vorlauftemperaturen.

rechnung für Wärmepumpen kann beispielsweise anhand der VDI-Richtlinie 2067, Blatt 6 vorgenommen werden. Diese wird üblicherweise von fachkundigen Planern und Energieberatern berechnet. Auch Laien könnten die Berechnung nach der VDI-Richtlinie vornehmen, sollten aber das notwendige Fachwissen besitzen.

→ TIPP Jahresarbeitszahlrechner
Ein nützliches Instrument zur Berechnung der Jahresarbeitszahl (JAZ) ist der JAZ-Rechner des Bundesverbandes Wärmepumpe e. V.
www.waermepumpe.de/jazrechner

Eine gute Wärmepumpenanlage sollte eine hohe Jahresarbeitszahl erreichen. Das Fraunhofer ISE hat in einem Feldversuch festgestellt: Wer sorgfältig plant und installiert, kann eine sehr gute Effizienz erzielen. Die besten Anlagen erreichen eine Jahresarbeitszahl von 4 und darüber. Das bedeutet, dass mehr als viermal so viel Wärmeenergie bereitgestellt wird, wie die Wärmepumpe an Strom benötigt. Auch in Bestandsgebäuden ist dies möglich. Die beste Ausbeute erreichen Systeme, die das Erdreich als Wärmequelle nutzen, in Gebäuden, die einen guten Sanierungszustand haben und ein Heizungssystem mit niedrigen Vorlauftemperaturen verwenden, zum Beispiel eine Fußbodenheizung.

„Fortlaufende Forschung und Weiterentwicklungen zur Steigerung der Effizienz der schon ausgereiften Wärmepumpentechnologie sind wichtig."

DR. MAREK MIARA ist Koordinator Wärmepumpen beim Fraunhofer-Institut für Solare Energiesysteme (ISE). Als Leiter der Gruppe Wärmepumpen war er verantwortlich für ein umfangreiches Überwachungsprojekt zur Effizienz von Wärmepumpen.

Kritiker sagen, dass Wärmepumpen im Altbau nicht einsetzbar sind. Was sagen Ihre Studien zu dieser Frage?
Wir haben in unseren Studien mehr als 350 Neu- sowie Altimmobilien untersucht, in denen Wärmepumpen für das Heizen und die Warmwasseraufbereitung eingesetzt werden. Die Auswertung ihrer Leistung ergab: Auch in unzureichend sanierten, mehr als 20 Jahre alten Gebäuden können diese effizient und damit wirtschaftlich laufen. Selbst bei hohen Vorlauftemperaturen der Heizungsanlage funktioniert die Wärmepumpe. Gleichwohl läuft sie effektiver, wenn durch den Einbau neuer Heizkörper die Vorlauftemperatur abgesenkt wird. Immer noch denken einige, dass eine Wärmepumpe ausschließlich mit einer Fußbodenheizung kombinierbar ist. Das stimmt nicht.

Ist die Wärmepumpentechnik ausgereift oder gibt es noch viel Entwicklungs- und Forschungsbedarf?
Auch bei einer so ausgereiften Technologie wie der Wärmepumpe gibt es noch Verbesserungsmöglichkeiten. Es gibt Entwicklungspotenzial bei klimaschonenden Kältemitteln und der Begrenzung von Schallemissionen. Wir brauchen mehr Standardisierung, vielleicht sogar Vereinfachung. Die Installation muss schneller und zuverlässiger stattfinden. Das heißt nicht, dass wir nicht bereits jetzt gute Anlagen bauen und installieren können, aber der Aufwand dafür ist noch zu groß. Ich sehe ebenfalls ein Potenzial bei den Preisen. Um wirklich massentauglich zu werden, sollten die Wärmepumpeninstallationen auch günstiger werden.

Was sind aus Ihrer langen Erfahrung die wichtigsten Punkte auf dem Weg zu einer effizienten Wärmepumpe?
Fortlaufende Forschung und Weiterentwicklungen zur Steigerung der Effizienz der schon ausgereiften Wärmepumpentechnologie sind nach wie vor wichtig. Durch Kontakte und Gespräche mit Planern, Handwerkern und Architekten habe ich den Eindruck gewonnen, dass diese Personen ganz konkrete Standards und Hinweise brauchen, wenn sie erneuerbare Technologien planen und installieren sollen. Daran forsche ich mit Leidenschaft.

Ein weiteres Ergebnis liefert eine Studie des Fraunhofer ISE, die die Jahresarbeitszahlen, also die Effizienz von Luftwärmepumpen, in Abhängigkeit von den Vorlauftemperaturen für verschiedene Heizsysteme (Heizkörper, Fußbodenheizung, gemischte Systeme), ermittelte. Zahlreiche Messungen des Fraunhofer ISE haben gezeigt, dass mit Vorlauftemperaturen zwischen 34 und 52,5 Grad Celsius häufig Jahresarbeitszahlen zwischen 3 und 4 erreicht werden können (siehe Abb. 2 → Seite 31).

Wärmequellen für die Wärmepumpe

Für Wärmepumpen können im Wesentlichen drei Wärmequellen eingesetzt werden: das Erdreich, das Grundwasser und die Umgebungsluft. Sie alle sind Speicher der Sonnenenergie, die wir auf diese Weise indirekt nutzen. Welche Wärmequelle eingesetzt werden kann, hängt vom Grundstück und von anderen Faktoren ab. Und es gibt große Unterschiede bei den für die unterschiedlichen Wärmequellen benötigten Wärmepumpentypen, zum Beispiel in puncto Effizienz, Installationsaufwand und Kosten.

In der Wärmequellenanlage (siehe Abb. 1 → Seite 28) wird der Umgebung (Umwelt) die benötigte Wärmeenergie entzogen. Gemäß den Gesetzen der Thermodynamik hängt die Effizienz der Wärmepumpe insbesondere von der Temperaturdifferenz zwischen Wärmequelle und -senke (also dem Ort, wo die Wärme hingeht, zum Beispiel dem Heizkörper) ab. Je niedriger die Temperaturdifferenz ist, umso effektiver arbeitet die Wärmepumpe. Die Wärmequelle hat damit eine besondere Bedeutung für den energieeffizienten und wirtschaftlichen Einsatz der Wärmepumpe.

Für die praktische Nutzung der verschiedenen Wärmequellen sind diese Kriterien wichtig:

- → ausreichende Verfügbarkeit
- → möglichst hohe Wärmespeicherfähigkeit
- → möglichst hohes Temperaturniveau
- → ausreichende Regeneration (das heißt, die Temperatur der Wärmequellen steigt wieder)
- → kostengünstige Erschließung
- → geringer Wartungsaufwand

Es gibt verschiedene Möglichkeiten, die Wärme den Quellen Erdreich, Grundwasser und Umgebungsluft zu entziehen.

Das Erdreich als Wärmequelle

Das Erdreich ist eine unerschöpfliche Energiequelle. In der Regel werden für Wärmepumpen nur die Erdschichten zwischen 1,20 und 100 Metern Tiefe genutzt, man spricht dann von oberflächennaher Geothermie. Um

GUT ZU WISSEN

Bodenbeschaffenheit

Die Nutzung der Erdwärme bietet den großen Vorteil der zuverlässigen Betriebsweise. Ob Sommer, Winter, Tag oder Nacht – Jahr für Jahr steht die Erdwärme mit einem relativ konstanten Temperaturniveau zur Verfügung (siehe Abb. 3 → Seite 35). Doch nicht allen Böden lässt sich genug Wärme entziehen. Das hängt von dem Wassergehalt und der Wärmeleitfähigkeit des Bodens ab. Einen Eindruck, wie gut sich der Boden auf Ihrem Grundstück für eine Erdwärmepumpe eignet, erhalten Sie bei den jeweiligen Geologischen Diensten der Bundesländer (→ Seite 207).

die Wärme aus dem Erdreich zu nutzen, werden entweder Erdkollektoren großflächig unterhalb der Erdoberfläche verlegt oder es wird in die Tiefe gebohrt, um dort Erdwärmesonden als Wärmetauscher zu platzieren. Als Wärmeträger, der in einem geschlossenen Rohrsystem im Erdreich zirkuliert, dient Wasser, dem zur Frostsicherung Frostschutzmittel beigemischt wird. Bei dieser sogenannten Sole liegt der Gefrierpunkt bei etwa -15 Grad Celsius. Damit ist gewährleistet, dass die Sole im Betrieb nicht einfriert. Vergleichbar ist die Sole mit der Flüssigkeit

HINTERGRUND

Oberflächennahe Geothermie und Tiefengeothermie

Für Wärmequellenanlagen ist die Erdreichwärme der oberen Bodenschicht bis ungefähr 100 Meter Tiefe relevant. Diese Erdreichwärme ist zum einen gespeicherte Sonnenenergie, zum anderen Erdwärme aus dem Erdinneren. Bis circa 10 Meter Tiefe ist der Temperaturverlauf im Boden durch die Außentemperatur geprägt (siehe Abb. 3 → Seite 35). Ab etwa 15 Meter ist der Temperaturverlauf über das gesamte Jahr nahezu konstant. In Erdschichten tiefer als 100 Meter ist der Anteil der geothermischen Wärme aus dem Erdinneren deutlich höher, die Temperatur nimmt pro 100 Meter um etwa 3 Grad zu. Die Frostgrenze liegt im Allgemeinen schon bei 0,8 Meter.
Die tiefe Geothermie hingegen umfasst Systeme ab etwa 2.000 Meter Tiefe. Die gewonnenen Temperaturen sind in der Regel sehr hoch und betragen, abhängig von Tiefe und Ort, 60 bis 160 Grad Celsius. Die Wärme kann je nach Anwendung direkt genutzt werden. In der Regel ist eine Wärmepumpe für eine weitere Temperaturanhebung nicht notwendig. In Deutschland ist die Tiefengeothermie noch in den Anfängen und wird in diesem Ratgeber nicht weiter thematisiert.

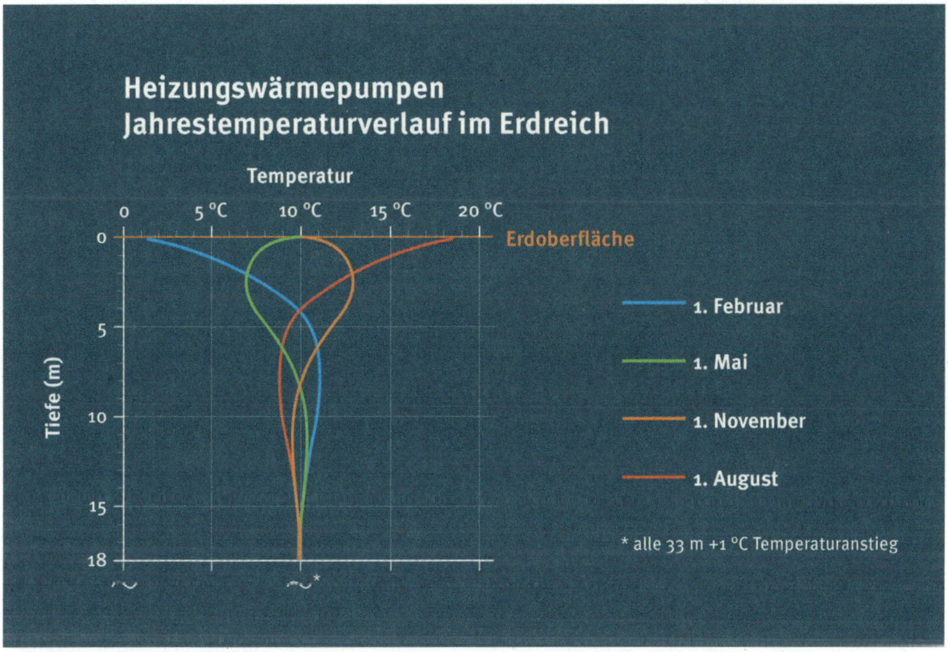

Abb. 3: Bodentemperaturen sind abhängig von der Jahreszeit und der Bohrtiefe. Bereits ab einer Tiefe von etwa 15 Metern beträgt die Bodentemperatur unabhängig von der Jahreszeit konstant circa 10 Grad Celsius.

im Kühlersystem eines Autos. Auf dem Weg durch das Erdreich erwärmt sich die Sole und wird zur Wärmepumpe geführt. Über einen Wärmetauscher gibt das erwärmte Sole-Wasser die Wärme an den Kältemittelkreislauf der Wärmepumpe ab und wird dort um etwa 4 Grad Celsius abgekühlt. Das Rohrsystem im Erdreich muss so lang sein, dass sich die Sole auf dem Weg durch die Rohre wieder entsprechend erwärmen kann. Das bedeutet: Die Länge des Rohrsystems wird von der benötigten Heizleistung (→ Seite 111) und den geologischen und hydrogeologischen Verhältnissen bestimmt.

Sole-Wasser-Wärmepumpen bieten einen zweifachen Nutzen. Über das Heizen mit sehr niedrigen Betriebskosten hinaus können die Wärmepumpen im Sommer das Gebäude kühlen: Auch hierfür ist die Sole verwendbar. Diese Art der Kühlung benötigt ebenfalls wenig Energie und ist kostengünstig. Alternativ werden auch Wärmepumpen mit umschaltbarem Kältekreis angeboten, die zusätzlich die Kühlleistung der Sole unterstützen und so eine noch höhere Kühlleistung erbringen (→ Seite 94).

Zur praktischen Umsetzung der Wärmequelle Erdreich gibt es verschiedene Techniken und Varianten, die im Kapitel „Welche Wärmepumpentypen gibt es?“ (→ Seite 49) näher beschrieben werden.

Grundwasser als Wärmequelle

Die beste energetische Ausbeute bieten Wasser-Wasser-Wärmepumpen. Bei diesem Konzept wird Grundwasser zur Energiegewinnung genutzt. Da Grundwasser mit nahezu konstanter Temperatur zur Verfügung steht, ist dieses System besonders wirtschaftlich und zugleich umweltfreundlich. Hierfür müssen mindestens zwei Brunnen gebohrt werden: Aus einem Brunnen, dem Förderbrunnen, wird das Grundwasser entnommen, das von der Wärmepumpe abgekühlt wird. Über einen zweiten Brunnen, den Schluckbrunnen, wird das abgekühlte Wasser wieder dem Grundwasser zugeführt. Dieses Versorgungskonzept wird seit über 60 Jahren eingesetzt.

Die Jahresarbeitszahl einer solchen Wärmepumpe kann bei 4,5 und höher liegen. Das bedeutet, dass für die Erzeugung von 4,5 Kilowattstunden Heizleistung nur 1 Kilowattstunde Antriebsenergie erforderlich ist. Voraussetzung für den einwandfreien Betrieb einer Wasser-Wasser-Wärmepumpe ist jedoch, dass die Qualität des Grundwassers für diese Anwendung geeignet ist. Daher ist im Vorfeld eine Wasseranalyse zwingend erforderlich. Sollte die Wasserqualität nicht geeignet sein, braucht man auf die Vorteile der Wärmepumpentechnik nicht zu verzichten. In diesem Fall kann das Erdreich als Wärmequelle mit einer Sole-Wasser-Wärmepumpe genutzt werden.

> GUT ZU WISSEN
>
> **Grundwasserstand**
>
> In Deutschland ist in den vergangenen 32 Jahren der Grundwasserstand mehr gesunken als gestiegen. Insofern ist dies bei der Bohrtiefe zu berücksichtigen. Die Unteren Wasserbehörden können für den geplanten Standort eine entsprechende Auskunft erteilen (→ Seite 207).

Luft als Wärmequelle

Luft als Wärmequelle ist überall verfügbar. Und auch aus der kalten Winterluft gewinnen Luftwärmepumpen noch Wärme, sind dabei aber weniger effizient als Wärmepumpen, die mit Erdwärme oder Grundwasser heizen. Luftwärmepumpen sind in der Lage, bei entsprechender Auslegung der Luftkühler die gewünschte Wärmemenge nahezu jederzeit zu liefern, trotz sehr unterschiedlicher Außentemperaturen. Für die optimale

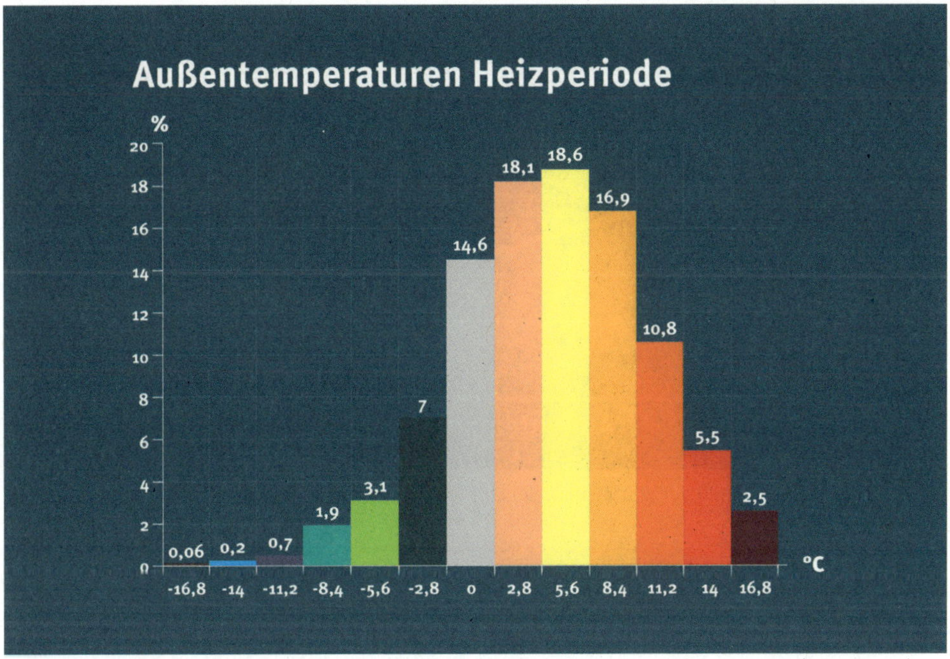

Abb. 4: Außentemperaturen in einer Heizperiode (typischerweise von Oktober bis Mai; das sind circa 230 Tage im Jahr) in Deutschland. Lesebeispiel: An nur sieben Prozent der Tage der Heizperiode (das sind circa 16 Tage) lag die Außentemperatur bei −2,8 Grad Celsius.

Bemessung sollte daher der jahres- und tageszeitliche Verlauf der Lufttemperatur am geplanten Einbauort bekannt sein. Stark schwankende Außentemperaturen während der Heizsaison (siehe Abb. 4 → Seite 37) müssen berücksichtigt werden, wobei die sehr tiefen und sehr hohen Temperaturen nur selten auftreten. Meistens liegen die Außentemperaturen zwischen Oktober und Mai im Bereich von -3 bis +11 Grad Celsius.

Ein Nachteil der Wärmequelle Luft für die Gebäudebeheizung ist die ausgeprägte Divergenz zwischen der Heizleistung der Wärmepumpe und dem Heizwärmebedarf des Hauses (siehe Abb. 5 → Seite 38): Je tiefer die Außentemperatur ist, desto größer ist der Heizwärmebedarf des Hauses. Gleichzeitig erhöht sich die Temperaturdifferenz zwischen Wärmequelle und Wärmesenke. Mit anderen Worten: Im Winter ist die Außenluft kalt, gleichzeitig benötigt die Wärmenutzungsanlage eine hohe Vorlauftemperatur, weil im Haus ein hoher Heizwärmebedarf besteht. Diese erhöhte Temperaturdifferenz führt zu einer geringeren Heizleistung und Effizienz der Wärmepumpe.

Da der Energiegehalt der Luft geringer als zum Beispiel der von Wasser ist, müssen

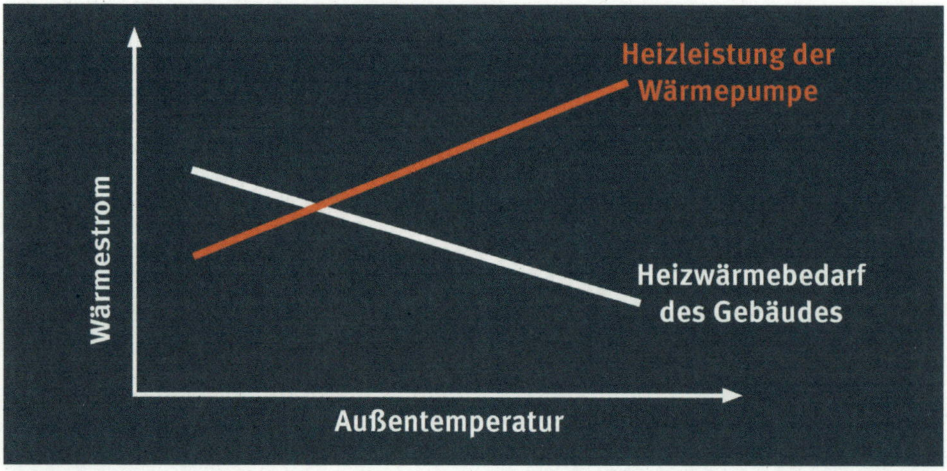

Abb. 5: Divergenz zwischen der Heizleistung der Luftwärmepumpe und dem Heizwärmebedarf des Gebäudes.

größere Luftmengen mit dem Verdampfer in Kontakt gebracht werden. Das wird mit entsprechend großen Ventilatoren, die mehr oder weniger Geräusche erzeugen, und großen Wärmetauscherflächen realisiert. Bei Luftwärmepumpen unterscheidet man Geräte, die außen oder innen aufgestellt werden (→ Seite 58).

Der Kältekreislauf

Die zentrale Einheit einer Wärmepumpenheizung ist die eigentliche Wärmepumpe. Sie macht die über die Wärmequellenanlage gewonnene Umweltwärme für das Wärmeverteilsystem nutzbar. Sie befördert Wärme aus der Außenluft, dem Grundwasser oder dem Erdreich ins Haus, und zwar mithilfe eines Kältemittels. Die von der Wärmequelle

GUT ZU WISSEN

Kältekreislauf und Thermodynamik

Nach dem Zweiten Hauptsatz der Thermodynamik – einem fundamentalen Gesetz der Physik – ist ein Wärmeübergang von einem Körper niedriger Temperatur auf einen Körper höherer Temperatur von selbst nicht möglich. Das Prinzip der Wärmepumpe entspricht dennoch dem Zweiten Hauptsatz, da der Übergang von „kalt“ nach „warm“ nicht von selbst, sondern unter Zufuhr höherwertiger Energie erfolgt, zum Beispiel mechanischer Antriebsarbeit des Verdichters im Kältekreislauf. Für die Verdichtung braucht eine elektrische Wärmepumpe Strom.

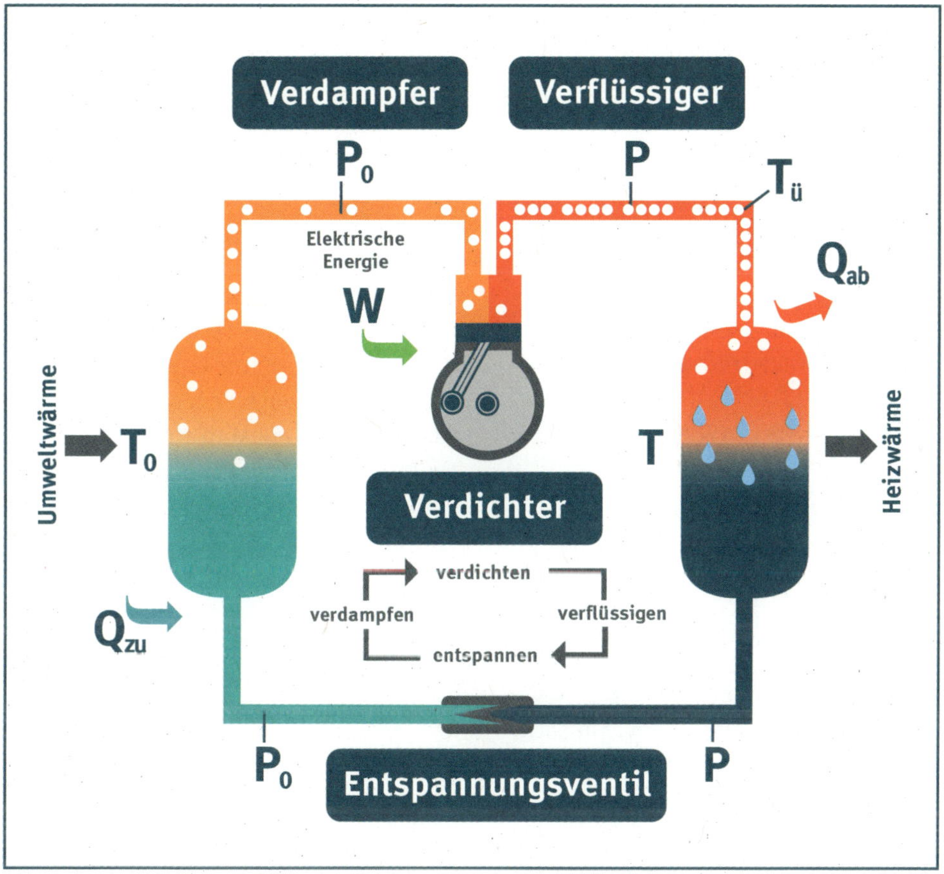

Abb. 6: Kältekreislauf der Wärmepumpe. **T_0** Temperatur der Umweltwärme **Q_{zu}** Wert der zugeführten Umweltwärme **P_0** Ausgangsdruck im Kältekreislauf **P** Druck im Kältekreislauf nach dem Verdichter und vor dem Entspannen **$T_ü$** Temperatur des verdichteten Kältemittels **Q_{ab}** Wert der abgeführten Heizwärme **T** Temperatur des Kältemittels nach Abgabe der Heizwärme

gelieferte Temperatur beträgt je nach Quellentyp circa -15 bis 30 Grad Celsius. Die Wärmepumpe erhöht die Temperatur auf die benötigte Vorlauftemperatur von etwa 30 bis 75 Grad Celsius. Diese Temperaturerhöhung geschieht im sogenannten Kältekreislauf.

Wärmepumpen benötigen ein Kältemittel in einem geschlossenen Kreislauf, um die Umweltwärme aus Erdreich, Grundwasser, Außenluft oder auch Abwärme nutzbar zu machen. Das Kältemittel ist das Arbeitsmedium im Kältekreislauf. Es verdampft bei gerin-

HINTERGRUND

PFAS im Kältemittel für Wärmepumpen

HFKW-Kältemittel gehören zu den sogenannten perfluorierten Alkylsubstanzen (PFAS). Die Gruppe der PFAS umfasst mehr als 10.000 verschiedene chemische Stoffe, die in zahlreichen Verbrauchsprodukten (Kosmetika, Kochgeschirr, Textilien etc.) verarbeitet sind. PFAS sind derzeit in der öffentlichen Diskussion präsent wegen ihrer negativen Wirkung auf die Gesundheit. Die EU empfiehlt, eine Vielzahl häufig verzehrter Lebensmittel (Obst, Gemüse, Säuglings- und Kleinkindernahrung) hinsichtlich PFAS zu überwachen. Kritiker von Wärmepumpen greifen die PFAS-Diskussion auf, um die Verbreitung von Wärmepumpen zu verhindern.

gem Druck und niedriger Temperatur und nimmt dabei Wärmeenergie aus der Umwelt auf. In der Wärmepumpe werden Druck- und Temperaturniveau angehoben.

Sind Kältemittel klimaschädlich?

Wärmepumpen haben eine Kältemittelfüllung. Die meisten Hersteller von Wärmepumpen verwenden sogenannte teilhalogenierte Fluorkohlenwasserstoffe (HFKW). Diese tragen im Gegensatz zu den seit Langem in Europa verbotenen HFCKW (zusätzlich chloriert) nicht zum Abbau der Ozonschicht bei. Die teilhalogenierten Fluorkohlenwasserstoffe haben einerseits Eigenschaften, die einen besonders effizienten Betrieb der Wärmepumpen ermöglichen. Andererseits besitzen sie ein hohes Treibhausgaspotenzial (Global Warming Potential, GWP). Sie sind bis zu 2.500-mal treibhausrelevanter als CO_2, wenn sie in die Atmosphäre entweichen.

Im Oktober 2016 hat die internationale Staatengemeinschaft mit der sogenannten EU-F-Gase-Verordnung beschlossen, HFKW-Kältemittel schrittweise aus Kälteanlagen zu verbannen, um so den Einfluss auf die Klimaerwärmung zu reduzieren. Kältemittel werden nicht nur in Wärmepumpen, sondern auch in Kühlschränken und Klimaanlagen (unter anderem in Autos) verwendet. Von Anwendungsverboten sind Wärmepumpen nicht betroffen (Stand August 2023).

Als Alternative zu HFKW-Kältemitteln werden mittlerweile vor allem **natürliche Kältemittel** mit einem geringen Treibhauseffekt eingesetzt. Dadurch werden stetig geringere Mengen an HFKW (gemessen in CO_2-Äquivalenten) benötigt.

So gilt besonders das Kältemittel R290 (Propan) als zukunftssicherer Ersatz für HFKW-Kältemittel. Auch die natürlichen Stoffe Ammoniak (NH_3) oder Kohlendioxid (CO_2)

kommen als Alternativen infrage. Der Marktanteil dieser Kältemittel ist zwar noch gering, es zeichnet sich aufseiten der Hersteller jedoch eine klare Tendenz zu umweltfreundlichen Alternativen ab.

→ **TIPP GWP-Wert beachten**
Bestellen Sie eine Wärmepumpe mit einem Kältemittel mit niedrigem GWP-Wert. Das sind häufig natürliche Substanzen wie zum Beispiel Propan. Es gibt aber auch künstliche Stoffe mit geringem GWP-Wert. Je geringer der Wert, desto klimafreundlicher ist die Wärmepumpe – empfehlenswert ist zum Beispiel das Kältemittel R32 mit einem GWP von 675. Viele Geräte laufen allerdings mit den Kältemitteln R410a oder R404a, diese haben ein GWP von über 2.000.

Die in Wärmepumpen verwendeten Kältemittel können ihre klimaschädliche Wirkung üblicherweise nicht entfalten, da nur in Ausnahmefällen geringe Mengen in die Atmosphäre gelangen. Doch selbst bei einem Verlust der gesamten Kältemittelmenge wäre ihre Treibhauswirkung durch die CO_2-Einsparung im Betrieb mehr als ausgeglichen. Am Ende ihrer Lebensdauer müssen Wärmepumpen fachgerecht entsorgt werden. Dabei wird das Kältemittel aus der Wärmepumpe vollständig abgesaugt, aufbereitet und wiederverwendet oder vernichtet. Durch die EU-F-Gase-Verordnung ist der Weg zu klimafreundlicheren Kältemitteln vorgezeichnet. Die Hersteller sind dabei, mehr und mehr Wärmepumpen mit natürlichen Kältemitteln zu entwickeln und in den Markt zu bringen.

Kältemittel in Wärmepumpen besitzen bezüglich der drei Aspekte Sicherheit, Effizienz und Klimawirkung unterschiedliche Eigenschaften. Ein ideales Kältemittel ohne Treibhauseffekt, nicht brennbar, nicht giftig und mit hervorragenden thermodynamischen Eigenschaften existiert nicht. Bei der Auswahl muss immer ein Kompromiss gefunden werden. In diesem Zusammenhang ist außerdem der Kostenaspekt als wesentlicher Faktor zu beachten. So sind beispielsweise zusätzliche Sicherheitseinrichtungen in der Regel mit weiteren Kosten verbunden.

Heizflächen und Heizkörper

Von der Wärmepumpe gelangt die Wärme in das Wärmeverteilsystem, also in die Heizflächen und Heizkörper. Besonders effizient lassen sich Wärmepumpen betreiben, wenn die Heizflächen möglichst groß sind, wie es bei einer Fußbodenheizung der Fall ist. Aber auch viele im Bestand vorhandene Heizkörper reichen für eine gute Effizienz aus, da sie bereits ausreichend dimensioniert sind, um

„Die Wärmepumpentechnik wird das Heizungssystem Nummer eins werden."

PAUL WANING ist seit 2004 Vorstandsvorsitzender des Bundesverbandes Wärmepumpe e. V. Nach verschiedenen Stationen bei RWE war er bis 2012 im Vorstand der Lechwerke AG in Augsburg tätig.

Können die Hersteller die hohe Nachfrage nach Wärmepumpen erfüllen?

Alle herstellenden Unternehmen investieren im Augenblick massiv in die Ausweitung der Produktionskapazitäten. Im Rahmen des Formats „Wärmepumpengipfel" mit dem Bundesministerium für Wirtschaft und Klimaschutz haben alle Beteiligten zugesagt, den Wärmepumpenhochlauf schaffen zu können.

Ist die Installation einer Wärmepumpe komplizierter als die einer konventionellen Gas- oder Ölheizung?

Ja, der Einbau einer Wärmepumpe ist aufwendiger als bei den bisherigen Heizungssystemen. Mit zunehmender Erfahrung im Handwerk und mit Vereinfachungen in der Montage seitens der bereitgestellten Systeme wird der Unterschied im Montageaufwand geringer werden.

Warum ist eine Wärmepumpenheizung teurer als eine Gas- oder Ölheizung?

In der Investition ist eine Wärmepumpe heute teurer als ein Gas- oder Ölkessel. Man sollte jedoch die Kosten des gesamten Lebenszyklus betrachten. Da Öl und Gas, auch durch die CO_2-Umlagen, immer teurer werden und regenerativer Strom immer günstiger wird oder sogar von der eigenen Photovoltaikanlage kommt, ist der Betrieb von Wärmepumpen preiswerter als der von fossilen Heizungssystemen.

Wärmepumpen gelten als umweltfreundlich. Sie enthalten aber auch klimaschädliche Kältemittel. Ist das ein Widerspruch?

Alle herstellenden Unternehmen sind sich einig: Wärmepumpen sollen mit natürlichen Kältemitteln betrieben werden. Es braucht dafür aber eine Übergangszeit, die es erlaubt, die Kompressoren an die neuen Kältemittel anzupassen. Ein überhasteter Ausstieg könnte den ambitionierten Wärmepumpenhochlauf gefährden.
Im Übrigen gilt, dass Kältemittel nicht zur Freisetzung verwendet werden. Sie befinden sich in einem geschlossenen Kreislauf und werden am Ende der Einsatzzeit eines Geräts entnommen und wiederaufbereitet.

Welche Entwicklungen sind bei Wärmepumpen in Zukunft zu erwarten?

Die Wärmepumpentechnik wird das Heizungssystem Nummer 1 werden. Diese Technik findet nicht nur in Ein- und Mehrfamilienhäusern Anwendung, sondern wird auch für Fernwärmesysteme und neue Wärmenetze zum Einsatz kommen. Ein besonderer Aspekt ist zudem die Möglichkeit, mit Wärmepumpensystemen kühlen zu können. Dies ist vor dem Hintergrund der steigenden Temperaturen von immer größerer Bedeutung.

mit Vorlauftemperaturen bis 55 Grad Celsius die gewünschte Wärme an den Raum abzugeben. Entscheidend ist die Vorlauftemperatur, die die Wärmepumpe bereitstellen muss. Es gilt: Je größer die Heizfläche oder der Heizkörper ist, desto niedriger kann die Vorlauftemperatur sein, die benötigt wird, um den Raum zu erwärmen.

Fußboden- und Wandheizungen sind für den effizienten Betrieb von Wärmepumpen am besten geeignet. Es gibt Flächenheizungen für Boden, Wand oder Decke, die sich im Fall einer Renovierung nachrüsten lassen. Die neue Generation Wärmepumpen schafft auch Vorlauftemperaturen bis zu 75 Grad Celsius, falls dies während besonders kalter Außentemperaturen kurzfristig nötig sein sollte. Alternativ unterstützt ein Heizstab an kalten Tagen die Wärmepumpe.

GUT ZU WISSEN

Elektrische Widerstandsheizung

Wassergeführte Heizungen mit Heizkörpern oder im Fußboden, in der Wand oder in der Decke verlegte Rohrleitungen sind das am weitesten verbreitete Wärmeverteilsystem (→ Seite 88). Es gibt aber auch elektrische Widerstandsheizungen, die in vielen Häusern und Wohnungen – insbesondere als Nachtspeicherheizungen – noch immer verwendet werden. Hierbei wird die elektrische Energie wie bei einem Tauchsieder mit leichten Verlusten fast 1:1 direkt in Wärme umgewandelt. Das Heizen mit elektrischen Widerstandsheizungen ist sehr ineffizient. Diese Art der Heizung stammt aus den 1960er-/1970er-Jahren. Damals war der Strom in der Nacht sehr günstig (Niedertarif-Strom, NT), entsprechend wurden Nachtspeicherheizungen vielerorts propagiert und installiert. Es gibt verschiedene Formen der Elektroheizung: Speicherheizung mit Speicheröfen, Fußbodenheizung mit Elektroheizmatten, Elektrodirektheizung mit Heizkörpern, Infrarot-Strahlungsheizung. Inzwischen ist der Niedertarif nicht mehr so günstig und das Heizen mit elektrischen Widerstandsheizungen unwirtschaftlich. Das Heizen mit Strom ist heute nur mittels einer elektrisch betriebenen Wärmepumpe effizient, denn hier beträgt das Verhältnis von benötigter elektrischer Energie zu Wärmeenergie etwa 1:4.

Die Komponenten einer Wärmepumpe

Diese drei Komponenten bilden das Gesamtsystem einer Wärmepumpen-Heizungsanlage:

- → die Wärmequelle,
- → der Kältekreislauf in der Wärmepumpe und
- → das Wärmeverteilsystem.

Abb. 7: Pufferspeicher.

Die technische Realisierung ist in Abbildung 8 dargestellt. Die Wärmequelle (Erdreich, Grundwasser, Luft) liefert die Umweltwärme an die Wärmepumpe, in der durch den Kältekreislauf die Wärme für das Heizsystem und die Warmwassererzeugung produziert wird. Sollte an extrem kalten Tagen die Vorlauftemperatur für das Wärmeverteilsystem nicht ausreichen, kann ein in die Wärmepumpe eingebauter Heizstab – wie ein Tauchsieder – Strom direkt in Wärme umwandeln. Dies geschieht – wenn überhaupt – nur für wenige Stunden. Zum Wärmeverteilsystem gehören auch sogenannte Pufferspeicher, die für eine Verstetigung der

GUT ZU WISSEN

Pufferspeicher

Wärmepumpen oder auch andere Heizsysteme produzieren Wärme nicht nur dann, wenn sie sofort gebraucht wird, sondern zum Beispiel auch dann, wenn sie kostengünstig ist. Die Wärmeenergie kann dann in sogenannten Pufferspeichern aufgenommen und – wenn die Wärme benötigt wird – wieder abgegeben werden. Dies sorgt für eine bedarfsgerechte Verstetigung der Wärmelieferung im Wärmeverteilsystem. Der Pufferspeicher ist ein wärmeisolierter Tank. Die Heizungswärme wird darin ohne große Verluste gespeichert. Die Größe des Tanks ist abhängig von der Leistung der Heizung und sollte etwa ein Volumen von 30 bis 75 Litern pro Kilowatt Heizleistung haben. Pufferspeicher gibt es in verschiedenen Ausführungen. Sie kosten je nach Größe und Ausführung zwischen 500 und 2.500 Euro.

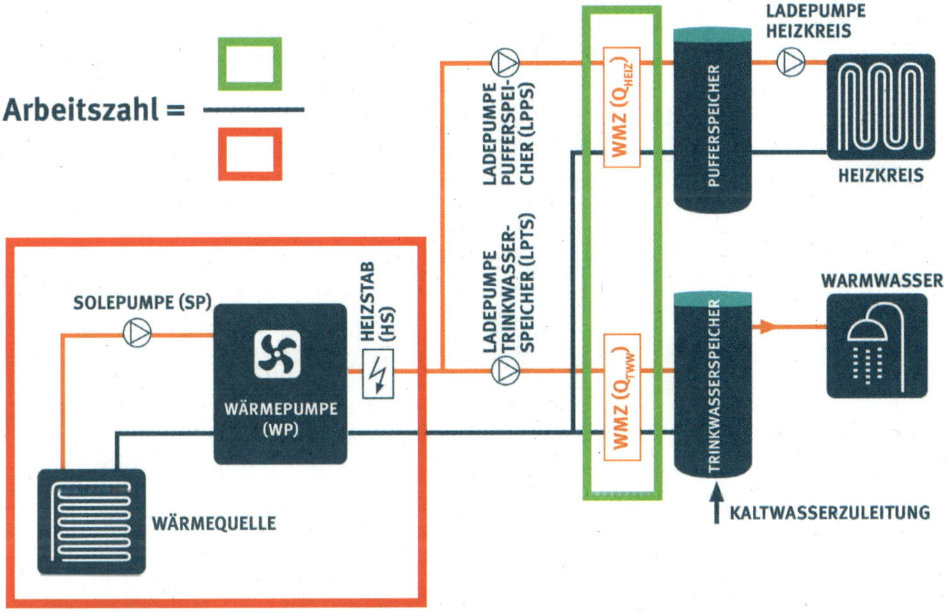

Abb. 8: Schematische Darstellung einer Wärmepumpen-Heizungsanlage mit eingezeichneten Bilanzgrenzen.

Wärmelieferung sorgen. Sie speichern die Wärme zum Beheizen der Räume und sorgen für stets verfügbares warmes Wasser.

In Abbildung 8 sind auch die sogenannten Bilanzgrenzen eingezeichnet, die anzeigen, welche Wärmeenergie erzeugt und welche elektrische Antriebsenergie eingebracht wird. Daraus kann die Jahresarbeitszahl (JAZ) des Heizsystems als Effizienzkriterium ermittelt werden (→ Seite 29). Im grün umrandeten Bilanzkreis wird die erzeugte und gelieferte Wärmeenergie mittels Wärmemengenzählern (WMZ) gemessen und bilanziert. Der rot umrandete Bilanzkreis zeigt, wo die elektrische Antriebsenergie der Wärmepumpe eingebracht, ermittelt und bilanziert wird. Der Quotient aus Nutzenergie (grün) und eingebrachter elektrischer Antriebsenergie (rot) ist die Jahresarbeitszahl bezogen auf eine festgelegte Zeitspanne (meist ein Jahr). Mit anderen Worten lautet die Rechnung: Nutzenergie geteilt durch Antriebsenergie gleich Jahresarbeitszahl.

Damit die Wärme zwischen Wärmequelle und Wärmepumpe ausgetauscht werden kann, fließt in den Leitungen eine sogenannte Soleflüssigkeit. Dazu ist eine Pumpe notwendig. Im Wärmeverteilsystem nach der Wärmepumpe wird die Wärme durch Wasser in Rohren verteilt. Auch hier werden Pumpen (Ladepumpen für Pufferspeicher, Trinkwasserspeicher und Heizkreis) eingesetzt. Die Pumpentechnologie hat sich weiterentwickelt. Mittlerweile gibt es sogenannte Hocheffizienzpumpen. Diese sind elektronisch geregelt und verbrauchen viel weniger Energie als herkömmliche Pumpen.

→ TIPP Hocheffizienzpumpen

Wann immer eine defekte Pumpe zum Beispiel für den Heizkreis ausgetauscht werden muss, sollten Sie eine Hocheffizienzpumpe einbauen lassen. Diese spart bis zu 75 Prozent an Strom. Hocheffizienzpumpen sind zwar etwas teurer als konventionelle Pumpen, amortisieren sich aber nach circa zwei bis vier Jahren. Auch damit können Sie einen Beitrag zur CO_2-Einsparung leisten.

Zum Wärmeverteilsystem gehören zudem sogenannte Ausdehnungsgefäße (oder Druckausgleichsbehälter). Diese sorgen dafür, dass der Druck in den Leitungen konstant bleibt. Sollte der Druck in den Leitungen über den voreingestellten Druck steigen, öffnet ein Sicherheitsventil (Überdruckventil) und lässt zur Drucksenkung das heiße Wasser ab.

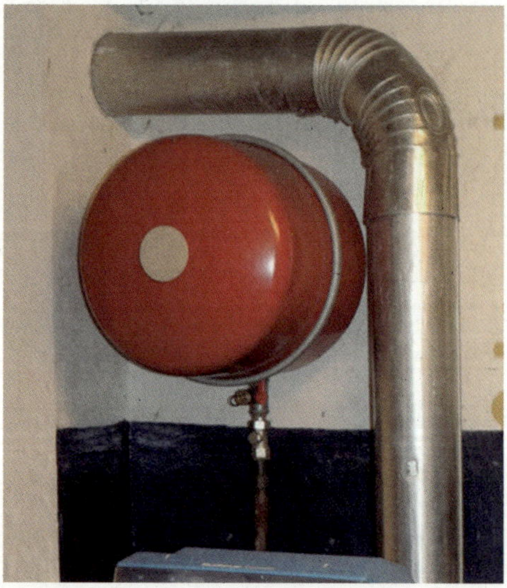

Abb. 9: Ausdehnungsgefäß.

GUT ZU WISSEN

Ausdehnungsgefäß

Da sich Heizungswasser bei höheren Temperaturen ausdehnt, sorgen Ausdehnungsgefäße dafür, dass Volumenänderungen zwischen niedriger und hoher Temperatur ausgeglichen werden und so der Druck in den Rohrleitungen des Heizsystems weitestgehend konstant bleibt. Ohne Ausdehnungsgefäß würde das ausgedehnte heiße Heizungswasser über ein Sicherheitsventil ausströmen und verloren gehen. Nach Abkühlung würde dann Luft in das Rohrsystem einströmen. Heizungswasser müsste dann immer wieder aufgefüllt werden. Die Abbildungen zeigen ein Ausdehnungsgefäß und dessen Funktion. Bei Ausdehnung des warmen Heizungswassers wird das hinter einer dichten Membran befindliche Stickstoffvolumen komprimiert, um den Druck im Heizungssystem weitestgehend konstant zu halten.

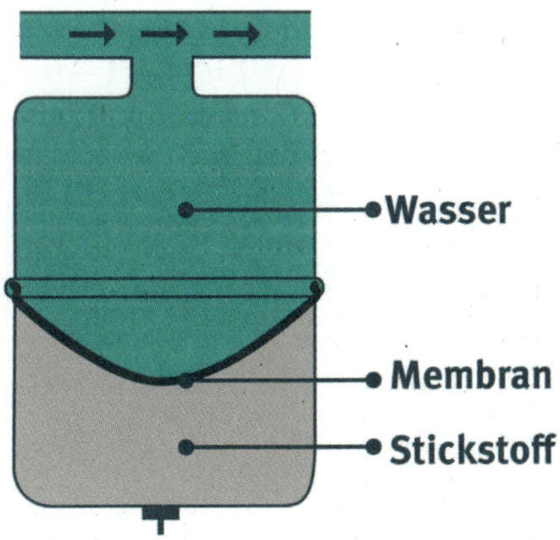

Abb. 10: Ausdehnungsgefäß (Zeichnung).

Welche Wärmepumpentypen gibt es?

Wärmepumpen werden nach ihrer Wärmequelle – Luft, Wasser, Erdwärme – unterschieden. Wärmepumpen zur Raumheizung werden oft auch zur Trinkwassererwärmung verwendet. Daneben gibt es spezielle Warmwasser-Wärmepumpen, die ausschließlich zur Trinkwassererwärmung genutzt werden.

Abhängig von den Gegebenheiten vor Ort kommen in der Regel diese drei Wärmepumpentypen infrage:

→ Grundwasserwärmepumpe (auch Wasser-Wasser-Wärmepumpe genannt)
→ Erdwärmepumpe (auch Sole-Wasser-Wärmepumpe genannt, wahlweise mit Erdkollektor oder Erdsonde)
→ Luftwärmepumpe (auch Luft-Wasser-Wärmepumpe genannt, wahlweise als Monoblock oder Splitgerät)

Grundwasserwärmepumpe

Grundwasser ist eine sehr gute Wärmequelle mit ganzjährig relativ konstanten Temperaturen. Selbst an kalten Wintertagen hat das Grundwasser noch eine Temperatur von immerhin 7 bis 12 Grad Celsius. Damit lassen sich die höchsten Jahresarbeitszahlen erreichen (→ Seite 29). Ist Grundwasser in ausreichender Menge und Qualität vorhanden, kann es als Wärmequelle genutzt werden. Das Grundwasser wird in einem „offenen System“ genutzt: Es werden zwei Brunnen gebohrt, die zwischen 5 und 20 Meter tief (abhängig vom Grundwasserspiegel) ins Erdreich führen. Aus einem Brunnen, dem Saug- oder Förderbrunnen, wird Grundwasser zur Wärmepumpe gefördert und dann in einem Plattenwärmetauscher um circa 4 Grad Celsius abgekühlt. Anschließend wird es über einen zweiten Brunnen, den Schluck- oder Sickerbrunnen, dem Erdreich wieder zugeführt.

Bei der Positionierung der beiden Brunnen wird die natürliche Fließrichtung des Grundwassers berücksichtigt, damit bereits genutztes und abgekühltes Wasser abtransportiert und nicht erneut angesaugt wird. Der Abstand zwischen Saug- und Schluckbrunnen sollte mindestens 15 Meter betragen).

GUT ZU WISSEN

Brunnenbohrungen

Brunnenbohrungen müssen von der Unteren Wasserbehörde genehmigt werden. Außerdem sollte im Vorfeld eine Wasseranalyse erstellt werden, um mögliche Korrosionen und Brunnenverockerungen durch einen zu hohen Eisen- und Mangangehalt zu berücksichtigen.

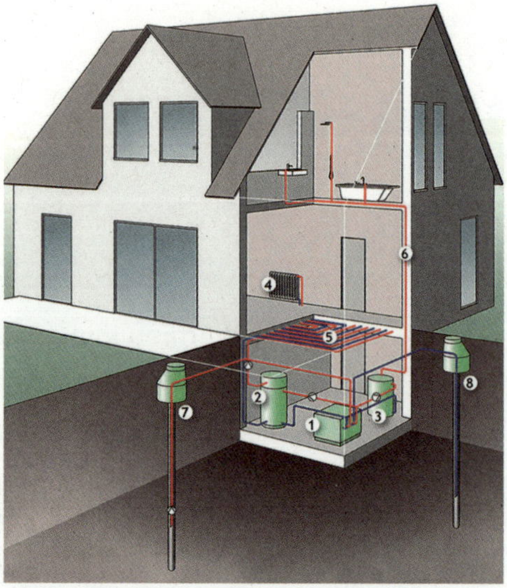

Abb. 1: Wasser-Wasser-Wärmepumpe mit zwei Grundwasserbrunnen. **1** Wärmepumpe **2** Pufferspeicher **3** Trinkwarmwasserspeicher **4** Radiator **5** Flächenheizung **6** Warmwasserleitung **7** Saugbrunnen mit Brunnenkopf **8** Schluckbrunnen mit Brunnenkopf

Erdwärmepumpe: Sole-Wasser-Wärmepumpe mit Erdkollektor und unterirdischen Speichersystemen

Kollektoren arbeiten mit einem waagerechten Rohrsystem, das unter der Erde in einer Tiefe von circa 1,5 Metern, ähnlich einer Fußbodenheizung, in Schleifen (siehe Abb. 2 → Seite 53) verlegt ist. Die Fläche, die der Kollektor benötigt, hängt hauptsächlich von der Größe der zu beheizenden Wohnfläche und dem Wassergehalt des Bodens ab (→ Seite 118). Je mehr Wärme benötigt wird, desto mehr Fläche müssen die Kollektoren abdecken, in der Regel liegt sie beim 1,5- bis 2-Fachen der Heizfläche. Die grobe Faustformel lautet:

Pro Kilowatt Heizleistung werden je nach Bodenbeschaffenheit rund

40 Quadratmeter

für einen Erdkollektor gebraucht.

→ TIPP Nicht an Kollektorfläche sparen
Sparen Sie aus Kostengründen nicht an der Fläche des Kollektors. Denn wenn die Wärmequelle zu klein ist, kühlt das Erdreich immer stärker aus und Leistung und Effizienz der Heizung sinken.

Der Erdwärmekollektor wird aus schlangenförmig verlegtem unverottbarem Kunststoffrohr (HD-PE) gebildet. Der Abstand zwischen den Rohren sollte mindestens 0,50 Meter betragen. Der Erdwärmekollektor muss als ein in sich geschlossenes Kreissystem angelegt werden, bei dem die einzelnen Kreise gleich lang sein müssen, aber nicht länger als 100 Meter sein sollten. Da fast immer mehrere Kreise erforderlich sind, um die notwendige Energiemenge zu gewinnen, werden die Kreise parallel zueinander über einen Verteiler verbunden.

In den Rohren zirkuliert ein Wasser-Glykol-Gemisch – die sogenannte Sole (→ Seite 33). Dieses Gemisch transportiert die Erdwärme zur Wärmepumpe, welche die Sole um circa 4 Grad Celsius abkühlt. Im Erdreich wird der Sole die entnommene Wärme wieder zugeführt.

Die Rohre sind zu ihrem Schutz in einem Sandbett zu verlegen und können anschließend mit dem vorhandenen Boden abgedeckt werden. Zur Verlegung der Rohre hebt man entweder Gräben aus oder legt eine komplette Fläche frei; je nach den örtlichen Gegebenheiten. Beim Neubau von Einfamilienhäusern mit niedrigem Heizwärmebedarf bietet sich diese Lösung an, da sie relativ kostengünstig zu realisieren ist. Häufig reicht es bereits aus, die Baugrube zu vergrößern, um den notwendigen Platz für den Erdwärmekollektor zu schaffen.

Die Fläche über dem Kollektor darf nicht versiegelt oder bebaut werden, damit der Boden sein Energiereservoir durch Sonneneinstrahlung und Regenwasser wieder auffüllen kann. Bei Gebäuden, bei denen eine Verrieselung des Regenwassers vorgesehen ist, kann die Leistung des Erdkollektors gesteigert werden, wenn die Verrieselung über dem Erdkollektor angelegt wird. Der Erdkol-

„Die hohe Effizienz der Wärmepumpen mit entsprechend reduzierten Betriebskosten macht die Geothermie sehr attraktiv."

BERND BREMERICH-RANFT ist Diplom-Geologe. Er ist Berater, Planer und Sachverständiger für oberflächennahe Geothermie und seit 2009 geschäftsführender Gesellschafter der GEOBIT Energieprojekte GmbH.

Was sind die wichtigsten Punkte bei der Dimensionierung einer Erdwärmesonde?
Als Planer von Erdwärmesonden schauen wir immer in zwei Richtungen. Der erste Blick geht in Richtung der Anforderungen des Gebäudes in Bezug auf die erforderliche Wärmepumpenleistung, die jährliche Heizarbeit und, falls gewünscht, den jährlichen Kühlbedarf. Dann gilt es, die Erdwärmesonde passend zum Bedarf und zur gewählten Wärmepumpe auszulegen.
Dazu benötigen wir Informationen zur Geologie, insbesondere zur Wärmeleitfähigkeit der Gesteine im Untergrund des Gebäudes, und zur Hydrogeologie, also zum Grundwasser.
Die Berücksichtigung sowohl des Gebäudebedarfs als auch der geothermischen Ergiebigkeit des Untergrunds ermöglicht uns die Berechnung der Temperaturentwicklungen in der Erdwärmesonde, in der Regel für 50 Betriebsjahre. So stellen wir den nachhaltigen Betrieb der Wärmepumpe langfristig sicher.
Aktuell gibt es einen Trend hin zu größeren Bohrtiefen. Die berühmten 99 Meter sind nach meiner Wahrnehmung Geschichte. Leistungsfähige Bohrgeräte und geringe Flächenbedarfe führen dazu, dass wir immer häufiger Sondenlängen zwischen 150 und 250 Metern realisieren.

Wie hoch ist derzeit die Nachfrage von Bauherren nach Planungsleistungen durch Fachplaner?
Da ich seit dem Jahr 2008 neben meinem eigentlichen Beruf als Geothermie-Planer im Energiezentrum Willich wöchentliche Geothermie-Beratungen durchführe, erlebe ich die Entwicklung der Nachfrage unmittelbar. Unser Beratungsangebot war in all den Jahren immer ausgebucht. Inzwischen gibt es allerdings Wartezeiten von mehreren Monaten für einen Beratungstermin. Die Wärmepumpe hat sich von einem Nischen- zum Standardprodukt entwickelt. Die hohe Effizienz der Wärmepumpen mit entsprechend reduzierten Betriebskosten macht die Geothermie sehr attraktiv, sowohl im Neubau als auch im Bestand. Entsprechend hoch ist die Nachfrage.

Gibt es Projektplanungen, die Sie ablehnen, da sie mit den geltenden gesetzlichen Vorgaben nicht vereinbar sind?
Nein, das kommt eigentlich nicht vor. Es gibt gelegentlich falsche Vorstellungen, die man aber in der Erstberatung meist schon ausräumen kann. Die gesetzlichen Vorgaben beschreiben im Idealfall den Stand der Technik und genau der wird von den Kunden ja gewünscht, damit die Anlagen nachhaltig und effizient laufen.

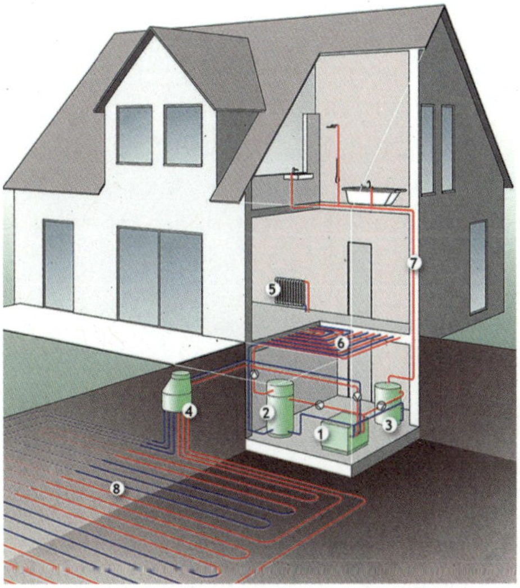

Abb. 2: Sole-Wasser-Wärmepumpe mit Erdkollektor. **1** Wärmepumpe **2** Pufferspeicher **3** Trinkwarmwasserspeicher **4** Verteil-/Sammelstation **5** Radiator **6** Flächenheizung **7** Warmwasserleitung **8** Erdwärmekollektoren

lektor kann auch ringförmig angeordnet werden. Bei diesem sogenannten Ringgrabenkollektor werden die Solerohre in Schlaufen in einem Graben rund um das Haus verlegt.

Alternativ gibt es zudem die folgenden Bauformen:

Spiralkollektor

Ein Spiralkollektor wird aus einem 50 Meter langen Rohr gefertigt, das mit Kunststoffschienen gehalten wird und einen Kollektor von 3 bis 5 Metern Höhe und einem Durchmesser von circa 0,5 Metern ergibt. Dieser Spiralkollektor wird senkrecht mit einer Überdeckung von 1,5 Metern bis in eine Tiefe von 6,5 Metern ins Erdreich eingebracht. Dort herrschen mit bis zu +13 Grad Celsius die höchsten Bodentemperaturen im Jahresschnitt. Der Einbau erfolgt unproblematisch mit Einsatz eines Minibaggers.

Absorbermatte

Absorbermatten bestehen aus vorgefertigten Kunststoff-Kapillarrohrmatten. Je nach benötigter Heizleistung des Gebäudes werden mehrere Matten in einer Tiefe von 1,20 bis 1,50 Metern in einem Sandbett verlegt. Trotz des geringeren Abstands der einzelnen Rohre und einer geringeren Durchflussgeschwindigkeit im Vergleich zu einem üblichen Erdwärmekollektor kann genügend Wärme aus dem Erdreich aufgenommen werden. Die erforderliche Entzugsfläche ist üblicherweise kleiner als beim Erdkollektor.

Abb. 3: Absorbermatte.

Energiezaun

Ein Energiezaun, der zum Beispiel in Form eines Gartenzauns aufgestellt werden kann, besteht aus übereinander verlaufenden schwarzen Absorberrohren, die wechselseitig an einem Trägerpfahl vorbeigeführt werden. Der Zaun sieht wie ein geflochtener Weidenzaun aus und kann zum Beispiel mit wildem Wein berankt werden, der im Winter blattlos ist. Der Energiezaun wird zu einem Teil im Boden eingelassen, um eine Puffermöglichkeit für die Nacht oder besonders kalte und bedeckte Tage zu schaffen. An Sonnentagen wird der Erdboden durch den Solargewinn des Energiezauns wieder aufgeladen. Die Quellentemperatur liegt somit bei einem Energiezaun bei Sonnenschein deutlich höher als die tatsächliche Außentemperatur. Durch den Solargewinn ist die Anlage viel wirtschaftlicher als eine Luft-Wasser-Wärmepumpe, die nur die tatsächliche Außentemperatur und somit eine deutlich kältere Quelle nutzen kann.

Erdwärmepumpe: Sole-Wasser-Wärmepumpe mit Erdsonde

Die am weitesten verbreitete Technik zur Nutzung von Erdwärme sind Erdwärmesonden. Um die Erdwärmesonden tief in den Boden zu bringen, werden Gesteinsbohrungen mit einem speziellen Bohrgerät durchgeführt. In das Bohrloch werden anschließend Rohre aus Polyethylen (HD-PE) eingebaut, in

Abb. 4: Energiezaun.

denen das Wärmeträgermedium zirkuliert. Zum leichteren Einbau des Rohrs und zur Vermeidung von Beschädigungen werden die werkseitig vorkonfektionierten Sondenbündel von einer Haspel ins Bohrloch abgerollt. Überwiegend werden Doppel-U-Sonden verwendet, die vorgefertigt sind.

Das Rohrmaterial ist mit dem Material für den Erdwärmekollektor identisch und somit ebenfalls unverrottbar. Die Doppel-U-Sonde ist ein System, das zwei geschlossene Kreise bildet, die in eine Bohrung bis zu 100 Meter tief eingebracht werden. Die Bohrtiefe ist abhängig vom Heizwärmebedarf und von den geologischen Verhältnissen. Dabei bestimmen sowohl die vorliegenden geologischen Formationen als auch die Lage der wasserführenden Schichten die Wärmeentzugsleistung der Sonden und damit die erforderlichen Bohrmeter (→ Seite 121).

Als grobe Orientierung sind für eine Erdsonde etwa

20 Meter

pro Kilowatt Heizleistung zu veranschlagen.

Der Wert kann je nach Bodenbeschaffenheit variieren. In jedem Fall sollten Sie nicht aus Kostengründen an der Länge der Sonde sparen.

In Abhängigkeit von diesen Parametern werden häufig mehrere Bohrungen durchgeführt. Dabei sollte der Abstand zwischen zwei Bohrungen je nach geologischen Verhältnissen mindestens 6 Meter betragen. Sind mehrere Sonden notwendig, um die benötigte Heizleistung zu erreichen, werden die Sonden außerhalb des Hauses ebenfalls parallel an einen Verteiler angeschlossen. Von dort führen dann wiederum zwei Leitungen, ein Vor- und ein Rücklauf, in das Gebäude zum Anschluss an die Wärmepumpe.

Auch bei den Erdwärmesonden zirkuliert in den Rohren ein Wasser-Glykol-Gemisch (→ Seite 33). Dieses Gemisch transportiert die Erdwärme zur Wärmepumpe, welche die Sole um circa 4 Grad Celsius abkühlt. Im Erdreich wird der Sole die entnommene Wärme wieder zugeführt.

! ACHTUNG

Genehmigung einholen

Die Bohrung einer Erdwärmesonde ist genehmigungspflichtig. Bis 100 Meter Tiefe sind die Unteren Wasserbehörden zuständig, ab 100 Meter die Bergämter (→ Seite 65).

„Durch die steigende Erfahrung bei der bohrtechnischen Erschließung der Reservoire ist eine Kostendegression zu erwarten.“

DR. ANDRÉ DEINHARDT engagiert sich seit 2013 als Geschäftsführer des Bundesverbandes Geothermie e. V. (BVG), der Interessenvertretung der Geothermiebranche. Der BVG verbindet circa 400 Mitglieder aus der gesamten Wertschöpfungskette der Erdwärmenutzung.

Woran erkenne ich ein kompetentes Bohrunternehmen?

Eine langjährige Erfahrung, bestätigt durch diverse Projektreferenzen, kann ein erster Anhaltspunkt für ein gutes Unternehmen sein.
Idealerweise verfügt das Unternehmen zudem über eine Zertifizierung des DVGW (Deutscher Verein des Gas- und Wasserfaches) oder der Zert-Bau. Die Zertifizierung W 120 oder W 120 – 2 des DVGW wird in den meisten Fällen von der Unteren Wasserbehörde gefordert.
In den Datenbanken der Zertifizierungsbehörden findet sich eine Übersicht aller zertifizierten Unternehmen. Auch auf der Webseite des Bundesverbandes Geothermie (www.geothermie.de) gibt es ein Firmenverzeichnis, in dem unter anderem Bohrunternehmen für oberflächennahe und tiefe Geothermie aufgelistet sind. Außerdem finden sich die Links zu den Zertifizierungsstellen auf der Webseite.

Gibt es Risiken beim Niederbringen einer Bohrung?

Durch eine gute Vorplanung lassen sich die meisten Risiken erheblich minimieren. Bei oberflächennahen Geothermiebohrungen für Erdwärmepumpen (bis 400 Meter) ist es vor allem wichtig, den Raum zwischen Bohrlochwand und Sonde möglichst so zu hinterfüllen, dass eine gute Anbindung an das Erdreich gewährleistet wird. Ansonsten kann der Wärmeentzug nicht optimal stattfinden und Wegbarkeiten im Bohrloch können die Funktionalität der Sonde negativ beeinflussen.
Das größte Risiko bei einer Tiefengeothermiebohrung (ab 400 Meter) betrifft die Fündigkeit, also das Risiko, bei der Erschließung eines geothermischen Reservoirs eine unzureichende Thermalwasserförderrate zu erzielen und/oder auf eine zu niedrige Lagerstättentemperatur zu treffen. Die beiden Werte sind essenziell, da diese hauptsächlich die Leistung des Geothermieheiz(kraft)werks ausmachen.
Da die Erschließungskosten den finanziell größten Teil beim Bau einer Geothermieanlage ausmachen, sind die fehlende Fündigkeit und bohrtechnische Risiken (Bohrzeitverlängerung, Spülungsverluste, im Bohrloch verlorene Werkzeuge) auch ein hohes wirtschaftliches Risiko.
Die häufig als Argument gegen Tiefengeothermieprojekte vorgebrachten Bohrschäden (kleine Beben, Senkungen, Krater, Risse in Fassenden) liegen bei einer

Wahrscheinlichkeit von weit unter einem Prozent.

Gibt es ein Kostendegressionspotenzial beim Bohren und Installieren von Erdsonden?

Ja, besonders an Standorten mit bekannter Geologie wurden erhebliche Zeit- und Kosteneinsparungen erzielt. Durch die steigende Erfahrung bei der bohrtechnischen Erschließung des Untergrundes ist eine Kostendegression zu erwarten.

Zusätzlich haben einige Bundesländer, wie zum Beispiel Nordrhein-Westfalen, auf Grundlage bereits gesammelter geologischer Daten Karten veröffentlicht, die wichtige Informationen über den gewünschten Standort zur Planung von Geothermieprojekten zur Verfügung stellen. So kann bereits im Vorfeld geprüft werden, inwiefern sich eine Bohrung in dem geplanten Gebiet lohnt.

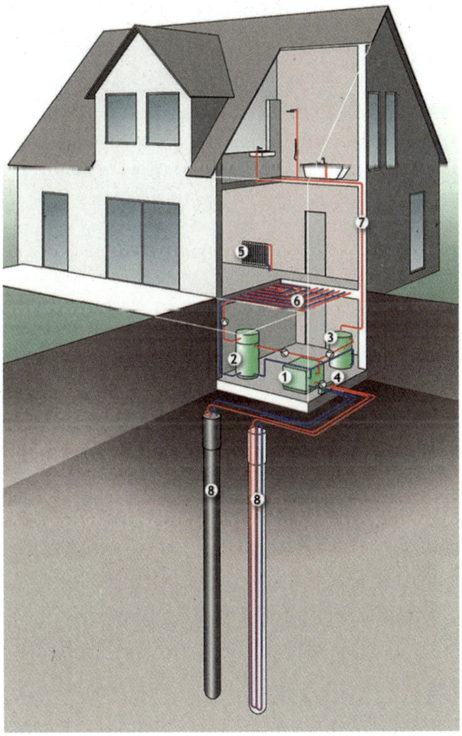

Abb. 5: Sole-Wasser-Wärmepumpe mit Erdwärmesonde. **1** Wärmepumpe **2** Pufferspeicher **3** Trinkwarmwasserspeicher **4** Verteil-/Sammelstation **5** Radiator **6** Flächenheizung **7** Warmwasserleitung **8** Erdwärmesonden

GUT ZU WISSEN

Koaxialsonde

Bei der Koaxialsonde handelt es sich ebenfalls um eine Erdsonde, bei der jedoch ein Rohr mit einem großen Durchmesser und ein Rohr mit einem kleineren Durchmesser ineinander verbaut sind. Durch das dünnere Rohr im Inneren strömt die Sole in die Sonde ein, steigt dann im größeren Rohr wieder hoch und nimmt über die größere Mantelfläche des Kunststoffrohrs die Erdwärme auf. In einer Koaxialsonde sind größere Solemengen vorhanden, sodass bei gleicher Solemenge weniger Bohrlänge benötigt wird. Koaxialsonden werden gerade oder auch schräg gebohrt eingebracht. Diese Sonden sind sehr teuer und werden deshalb derzeit selten verbaut.

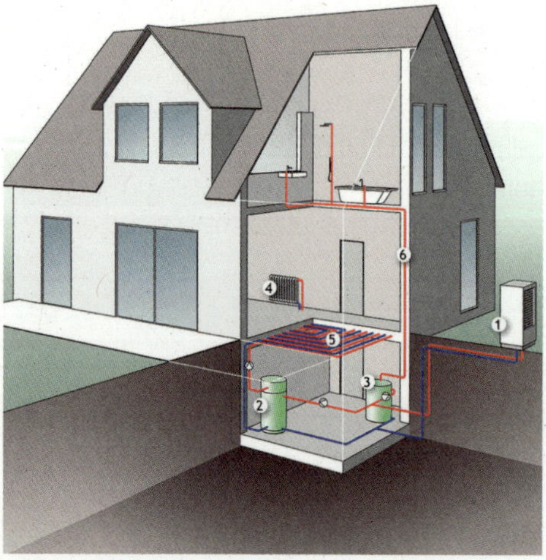

Abb. 6: Wärmepumpe mit Außenaufstellung des Luftsystems. **1** Monoblock-Wärmepumpe außen **2** Pufferspeicher **3** Trinkwarmwasserspeicher **4** Radiator **5** Flächenheizung **6** Warmwasserleitung ⊙ Umwälzpumpe

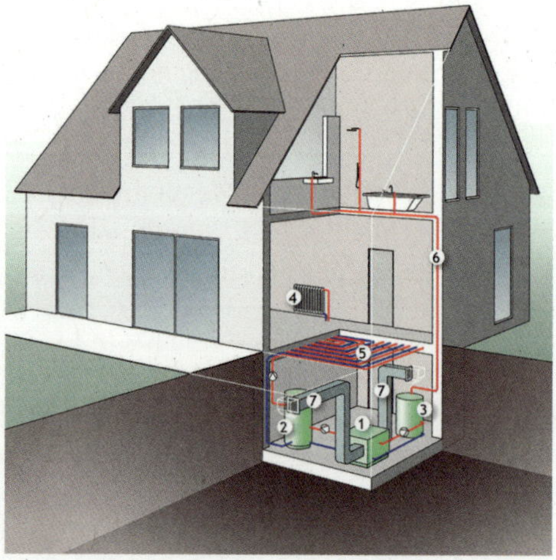

Abb. 7: Wärmepumpe mit Luft als Wärmequelle (Innenaufstellung). **1** Monoblock-Wärmepumpe innen **2** Pufferspeicher **3** Trinkwarmwasserspeicher **4** Radiator **5** Flächenheizung **6** Warmwasserleitung **7** Luft-Ansaug- und Abluftschacht ⊙ Umwälzpumpe

Luft-Wasser-Wärmepumpe

Luftwärmepumpen nutzen die Umgebungsluft zum Heizen. Da die Luft nur wenig Energie enthält, müssen die Ventilatoren der Wärmepumpe große Luftmengen am Wärmetauscher vorbeiführen. Auch bei kalter Winterluft und Außentemperaturen unter dem Gefrierpunkt gelingt das noch, zur Sicherheit verfügen die meisten Luftwärmepumpen aber zusätzlich über einen Elektroheizstab. Im Vergleich zu anderen Systemen sind sie weniger aufwendig, lassen sich flexibel sowohl innen als auch außen aufstellen und eignen sich gut für eine Modernisierung.

Für Luftwärmepumpen sind keine besonderen Genehmigungen erforderlich, rechtliche Vorschriften beim Lärmschutz müssen aber beachtet werden – etwa der Mindestabstand zum nächsten Wohngebäude. Hier sind die richtige Planung und die Wahl des Aufstellorts enorm wichtig. Inzwischen gibt es aber auch flüsterleise Wärmepumpen, die sich sogar für Reihenhaussiedlungen eignen.

→ **TIPP Luft-Wasser-Wärmepumpen abtauen**

Luft-Wasser-Wärmepumpen entziehen der Außenluft Wärme. Bei niedrigen Außentemperaturen kann sich jedoch Frost oder Eis auf dem Wärmetauscher der Außeneinheit bilden. Dadurch wird der Luftstrom blockiert und ein effektiver Wärmeentzug ist nicht gewährleistet. Deshalb verfügen Luft-Wasser-Wärmepumpen über eine automatische Abtaufunktion. Hierbei wird durch Umschalten des Kältemittelkreislaufs Wärme in den Wärmetauscher eingebracht und das Eis abgeschmolzen. Das dabei entstehende Schmelzwasser muss frostfrei abgeführt werden.

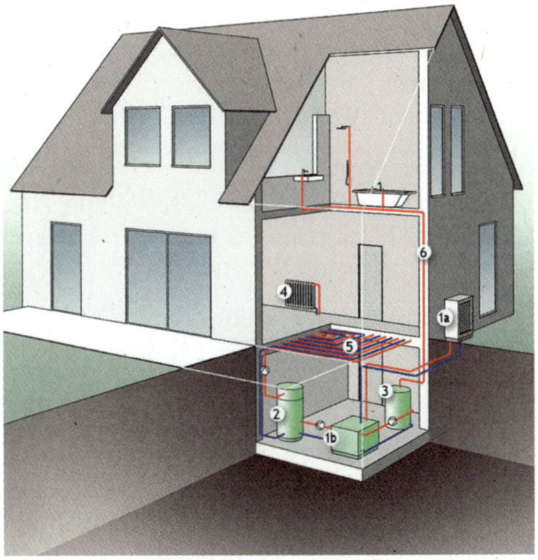

Abb. 8: Luft-Wärmepumpe in Splitaufstellung. **1a** Luft-Wärmepumpe Außengerät **1b** Luft-Wärmepumpe Innengerät **2** Pufferspeicher **3** Trinkwarmwasserspeicher **4** Radiator **5** Flächenheizung **6** Warmwasserleitung **7** Luft-Ansaug- und Abluftschacht ⦿ Umwälzpumpe

Luft-Wasser-Wärmepumpe als Monoblock

Bei außen installierten Geräten befinden sich der Verdampfer samt Ventilator, der Verdichter, der Verflüssiger, das Expansionsventil und die notwenige Elektronik in einem wetterfesten Gehäuse. Im Verflüssiger wird die Wärme an den Heizungskreislauf abgegeben (→ Seite 38). Der Vor- und Rücklauf wird in gut gedämmten Rohren in das Gebäude geführt und zum Beispiel an einen Speicher angeschlossen. An diesem Speicher wird dann das Heizungswasser oder auch das warme Trinkwasser abgenommen (siehe Abb. 6 → Seite 58).

Bei innen aufgestellten Geräten befinden sich alle Komponenten im Gebäude. Es gibt lediglich eine Zu- und eine Abluftöffnung als Verbindung zur Außenluft (siehe Abb. 7 → Seite 58).

Luft-Wasser-Wärmepumpe als Splitgerät

Eine Weiterentwicklung sind die sogenannten Splitgeräte. Bei dieser Form der Wärmepumpe befinden sich nur einige Komponenten in einem wetterfesten Außengehäuse, nämlich Ventilator, Verdampfer und Verdichter. Über zwei Kältemittelleitungen sind sie an das eigentliche Gerät im Gebäude angeschlossen, das Verflüssiger, Expansionsventil und Steuerung enthält. Der Einsatzbereich der Luft-Wasser-Wärmepumpe kann so erweitert werden, denn anders als beim Monoblock gibt es kaum Energieverluste, wenn das Außengerät weiter vom Haus entfernt aufgestellt wird. Um die Effizienz weiter zu steigern, wird in neueren Wärmepumpen mit zwei Verdichtern oder drehzahlgesteuerten Verdichtern gearbeitet. So kann die Leistung des Verdichters an die erforderliche Wärmeleistung optimal angepasst werden.

Luft-Luft-Wärmepumpe

Die Außenluft ist energiereich und eignet sich ebenfalls als Wärmequelle für die Wärmepumpe. Ein Einsatzbereich ergibt sich in Lüftungsgeräten mit Wärmerückgewinnung, zum Beispiel in der Wohnungslüftung. Bei einer Luft-Luft-Wärmepumpe erfolgt die Wärmeverteilung über ein Lüftungssystem mit warmer Luft oder direkt über ein Kältemittel, das in Kupferleitungen in der Wand oder im Fußboden die Wärme an den Raum abgibt. Hierbei wird die in der Außenluft enthaltene Wärme von der Wärmepumpe – auch in Kombination mit Wärmetauschern – zur Erwärmung der Frischluft genutzt. Die von der Wärmepumpe erzeugte Wärme wird nicht auf das Medium Wasser, wie es in einer normalen Heizung zirkuliert, übertragen, sondern die erwärmte Frischluft wird im Raum verteilt.

Einige Hersteller bieten Geräte an, bei denen der Kältekreis der Wärmepumpe zusätzlich umschaltbar ist. Diese Geräte versorgen die Gebäude im Sommer mit gekühlter Frischluft und können dadurch den Wohnkomfort deutlich steigern. Luft-Luft-Wärmepumpen können sowohl innen im Gebäude als auch draußen stehen.

Abluftwärmepumpe

Diese spezielle Form der Luft-Wasser-Wärmepumpe wird in gut gedämmten Gebäuden – vor allem in Niedrigenergie- und Passivhäusern – als Lüftungsanlage zur Erwärmung der Räume über wassergeführte Heizsysteme und zur Warmwassererzeugung eingesetzt. Die Abluft ist die Wärmequelle für die Wärmepumpe, die dann die erzeugte Wärme über ein wassergeführtes Heizsystem verteilt (siehe Abb. 9 → Seite 61). Es handelt sich dabei um sehr kompakte Geräte, die sich platzsparend innen installieren lassen und bei denen Sie über eine Steuerung alle Komponenten komfortabel steuern können.

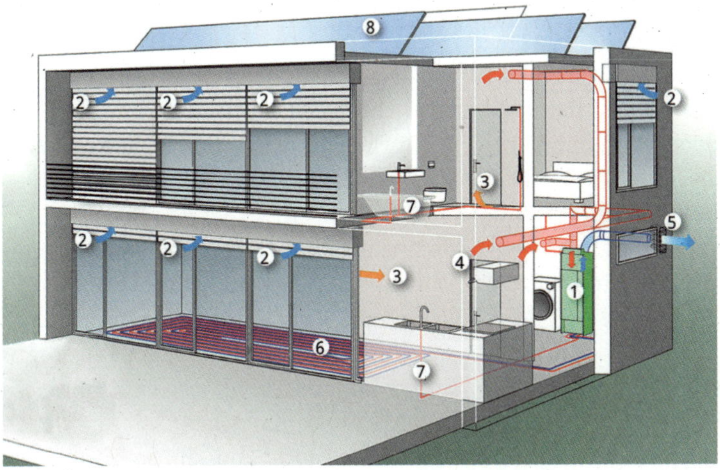

Abb. 9: Schema einer Abluftwärmepumpe. **1** Abluft-Wärmepumpe für Heizung, Lüftung, Warmwasser **2** Frischlufteinlässe in Rollladenkästen oder Außenwänden **3** Überströmluft **4** Abluftventil/Abluft **5** Fortluftgitter/Fortluft **6** Flächenheizung **7** Warmwasserleitung **8** Photovoltaikanlage

Warmwasser-Wärmepumpe

Eine weitere Variante ist die Warmwasserwärmepumpe, auch Brauchwasserwärmepumpe genannt. In Einfamilienhäusern, aber auch in Mehrfamilienhäusern, werden diese Wärmepumpen oft zur Trinkwassererwärmung eingesetzt. Die Geräte sind mit einem Warmwasserspeicher ausgerüstet und nutzen zum Beispiel die Luft in den Kellerräumen oder in der Wohnung als Energiequelle. Dabei wird die Raumluft abgekühlt und außerdem entfeuchtet. Mit der abgekühlten Luft als Abfallprodukt können beispielsweise Vorratsräume oder Weinkeller temperiert werden. Eine Warmwasser-Wärmepumpe kann eine einfache Lösung sein, eine vorhandene Gas- oder Ölheizung von der Warmwasserproduktion zu entlasten.

Hochtemperatur- und Großwärmepumpe

Es gibt **Hochtemperaturwärmepumpen,** die Vorlauftemperaturen von mehr als 80 Grad Celsius liefern können. Um solch hohe Temperaturen zu erreichen, werden in den Wärmepumpen zum Beispiel zwei Kreisprozesse mit zwei Kompressoren, die nacheinander ablaufen, eingesetzt. Sie kommen zum Einsatz, wo hohe Temperaturen benötigt werden, zum Beispiel bei der Erzeugung von Prozesswärme in der Industrie oder der Einspeisung von Wärme in Fernwärmeleitungen.

Großwärmepumpen starten bei etwa 100 Kilowatt Leistung und können Leistungen von mehreren Megawatt erreichen. Sie sind speziell auf die Bedürfnisse größerer Gebäude ausgelegt und können individuell an die Größe der Wärmenetze angepasst werden.

Grundsätzlich unterscheidet sich die Funktionsweise nicht von einer herkömmlichen Wärmepumpe für den privaten Gebrauch, jedoch sind die Maschinen speziell auf die Anwendung im anspruchsvollen Umfeld angepasst, um eine hohe Zuverlässigkeit und maximale Effizienz sicherzustellen.

In diesem Ratgeber werden diese Wärmepumpentypen nicht weiter betrachtet.

Gaswärmepumpe

Die Gaswärmepumpe ist eine Alternative zur elektrischen Wärmepumpe. Anstelle von Strom wird bei ihr Gas als Treibstoff eingesetzt. Auch bei der Gaswärmepumpe wird Umweltwärme aus Grundwasser, Erdreich oder Luft nutzbar gemacht. Neben dem Energieträger Erdgas kann auch Biomethan eingesetzt werden. Wie eine Elektrowärmepumpe, die mit grünem Strom aus erneuerbaren Energien betrieben wird, kann die Gaswärmepumpe mit Biomethan klimaneutral arbeiten.

Es existieren zwei Arten von Gaswärmepumpen. In Gaskompressionswärmepumpen (Abb. 10 → Seite 63) übernimmt ein Verbrennungsmotor die Verdichtung eines gasförmigen Kältemittels. Bei Gasabsorptionswärmepumpen hingegen kommt ein thermischer Verdichter zum Einsatz, der einen Lösungsmittelkreislauf beinhaltet.

Gaswärmepumpen kommen für größere Gebäude ab einer Heizleistung von circa 20 Kilowatt infrage und generell dort, wo gleichzeitig ein Heizwärme-, Warmwasser- und Kältebedarf besteht. Das sind zum Beispiel Gebäude mit Stahl-Glas-Architektur, die auf der sonnenzugewandten Seite gekühlt und auf der Schattenseite geheizt werden müssen.

In diesem Ratgeber wird auf Gaswärmepumpen nicht weiter eingegangen.

Hybridvarianten

Bei Hybridwärmepumpen werden zwei unterschiedliche Energiequellen genutzt, zum Beispiel die Wärme aus der Luft und die Wärme aus einer solarthermischen Anlage. So können auch die geringen Temperaturen von 10 bis 20 Grad Celsius aus einer solarthermischen Anlage in Zeiten ohne Sonnen-

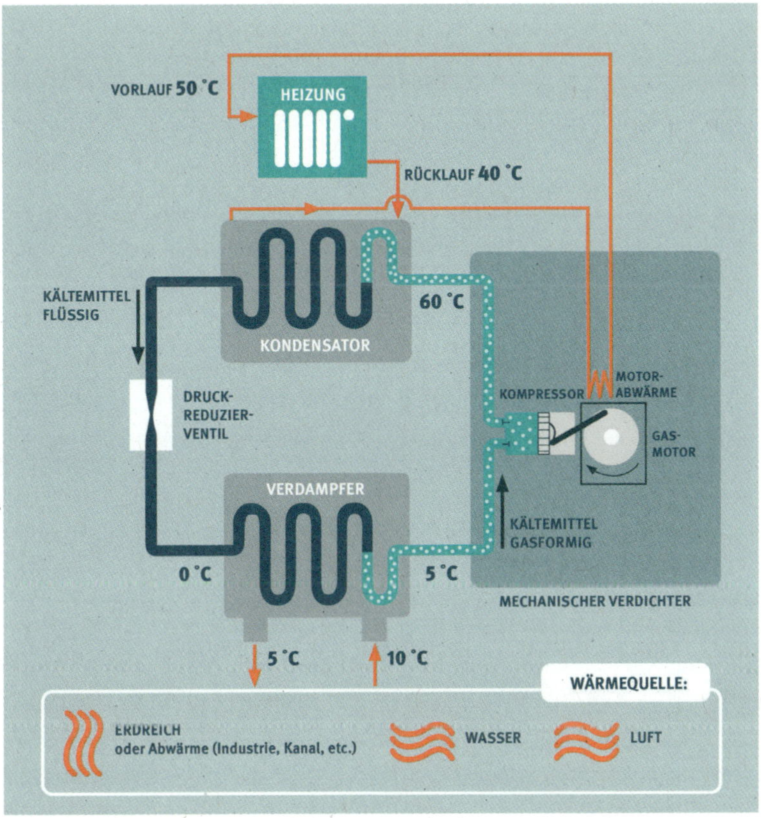

Abb. 10: Funktionsprinzip einer Gaswärmepumpe (Gaskompressionswärmepumpe).

einstrahlung im Frühjahr und Herbst über den Wärmetauscher an das Kältemittel abgegeben und auf ein zum Heizen erforderliches Temperaturniveau gebracht werden.

Auch die Kombination von Außenluft und – bei niedrigen Außentemperaturen – Erdwärme ist möglich. Das bedeutet, dass Erdwärme nur an wenigen Tagen als Energiequelle dient. An allen anderen Tagen ist die Luftwärmepumpe im Einsatz.

Und auch die Kombination mit herkömmlichen Techniken, die allerdings Kohlendioxid verursachen, ist möglich. So kann etwa eine bestehende Gas-, Öl- oder Pelletheizung durch eine Luftwärmepumpe zu einem Hybridsystem erweitert werden. Die Wärmepumpe sorgt dann für die Grundleistung und der andere Wärmeerzeuger springt bei niedrigen Außentemperaturen und Warmwasserbedarf ein. Mehr zur Kombination verschiedener Techniken → Seite 185.

Gesetzliche Rahmenbedingungen, Genehmigungs- und Anmeldepflichten

Um eine Wärmepumpenanlage einzubauen und zu betreiben, sind Gesetze und Verordnungen sowie technische Anleitungen und Regeln zu beachten. Die wichtigsten stellen wir in diesem Kapitel vor.

Die Fachplaner und Fachunternehmen kennen sich gut aus und achten darauf, dass die Gesetze und Verordnungen eingehalten werden. Sie übernehmen in vielen Fällen auch die Beantragung von Genehmigungen und notwendige Anmeldungen für Sie. Sie brauchen sich deshalb angesichts der Menge von Verordnungen, Gesetzen und Pflichten keine Sorgen zu machen, dass Sie etwas Wesentliches übersehen.

Gesetzliche Rahmenbedingungen

Für den Einbau und den Betrieb einer Wärmepumpenanlage müssen in Deutschland diverse Gesetze und Verordnungen in den jeweils gültigen Fassungen beachtet werden. Wir stellen diese zunächst kurz vor und gehen dann auf das Wasserhaushaltsgesetz und die Technische Anleitung zum Schutz gegen Lärm (TA Lärm) noch einmal näher ein, weil sie besonders wichtig sind.

Gesetze

Gebäudeenergiegesetz (GEG)

Der Einsatz von Wärmepumpen für Gebäude ist im GEG beschrieben. Die Bundesregierung hat im GEG verankert, dass jede neue Heizung, die in einen Neubau oder in ein Bestandsgebäude eingebaut wird, auf der Basis von mindestens 65 Prozent erneuerbarer Energien betrieben werden muss. Wärmepumpen zum Beispiel mit den Wärmequellen Geothermie, Umweltwärme oder Abwärme aus Abwasser erfüllen diese Anforderung und sind somit ein Heizsystem der Zukunft (→ Seite 25).

Wasserhaushaltsgesetz (WHG) und Bundesberggesetz (BBergG)

Beide Gesetze beinhalten die wesentlichen Rechtsgrundlagen für die Errichtung und den Betrieb von erdgekoppelten Wärmepumpen. Dies betrifft also alle Wärmepumpenanlagen, bei denen Bohrungen ins Erdreich notwendig sind. Alle Bohrmaßnahmen zur Erdwärmenutzung müssen bei der unteren Verwaltungsbehörde (Untere Wasserbehörde oder Bergbehörde; je nach Bohrtiefe) angezeigt werden. Die Bohranzeigen sind länderspezifisch geregelt. Auf das Wasserhaushaltsgesetz gehen wir weiter unten noch einmal ausführlicher ein (→ Seite 70).

Verordnungen und technische Regeln

EU-Verordnung zur Energiekennzeichnung von Heizgeräten/Ökodesign-Verordnung für Heizgeräte

In vielen Heizungen schlummert ein großes Einsparpotenzial an Energie, Energiekosten und Treibhausgasemissionen. Die Energieverbrauchskennzeichnung für Heizgeräte (Verordnung (EU) Nr. 811/2013) soll zusammen mit der Ökodesign-Anforderung (Verordnung (EU) Nr. 813/2013) dazu beitragen, diese Potenziale zu erschließen. Die Geräte müssen mit einer Energiekennzeichnung versehen sein (siehe Abb. 1 → Seite 67), so wie Sie es zum Beispiel von Kühlschränken, Waschmaschinen und Wäschetrocknern kennen.

Die Energiekennzeichnung wird von unabhängigen Prüfinstituten für alle Heizgeräte – so auch für Wärmepumpen – erstellt und hilft dem Nutzer oder der Nutzerin der Heizgeräte, anhand von Energieeffizienzklassen (A++ bis G) einzuschätzen, wie energieeffizient das Gerät unter normierten Prüfbedingungen arbeitet. Wärmepumpen haben durchweg Energielabel im grünen Bereich (A++, A+, A) und können so sehr einfach mit anderen Heizgeräten verglichen werden.

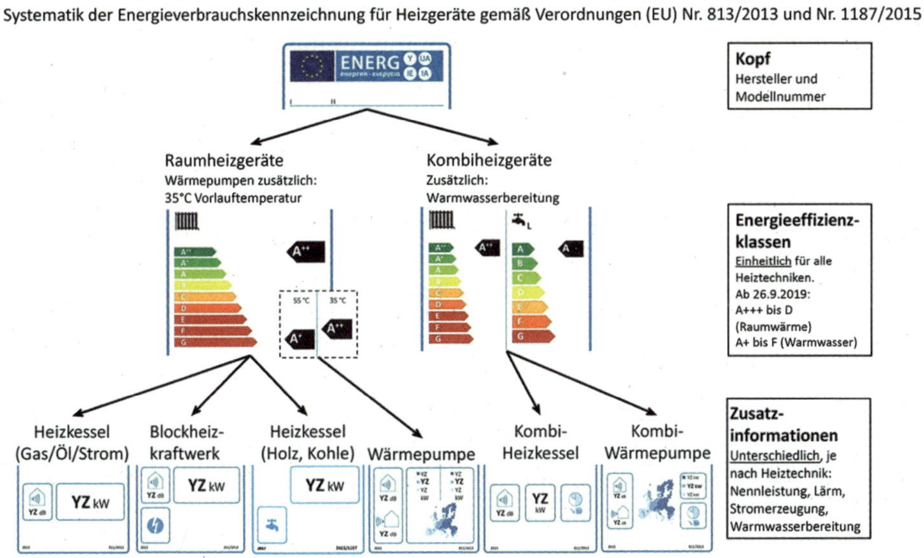

Abb. 1: Energiekennzeichnung für Heizgeräte.

Technische Anleitung zum Schutz gegen Lärm (TA Lärm)

Die TA Lärm als allgemeine Verwaltungsvorschrift dient dem Schutz der Allgemeinheit und der Nachbarschaft vor schädlichen Umwelteinwirkungen durch Geräusche. Wärmepumpen – insbesondere Luft-Wasser-Wärmepumpen – entwickeln im Betrieb Geräusche. Bei geringen Gebäudeabständen vor allem in eng bebauten Siedlungsgebieten ist es daher wichtig, eine Wärmepumpenanlage so zu planen, dass der Lärmschutz gewährleistet ist. Dafür ist die bundesweit geltende TA Lärm ein geeignetes Instrument, die wir weiter unten ausführlicher vorstellen (→ Seite 71).

Technische Anschlussbedingungen für den Anschluss an das Niederspannungsnetz (BDEW TAB 2019)

Diese Richtlinie wird vom Bundesverband der Energie- und Wasserwirtschaft e. V. (BDEW) veröffentlicht. Hierin sind die Handlungspflichten des Netzbetreibers, des Errichters, des Planers sowie des Anschlussnehmers und Anschlussnutzers von Wärmepumpen festgelegt. Der jeweilige Netzbetreiber legt die Vorgaben für den elektrischen Anschluss und den Betrieb von Wärmepumpen fest. Der Anschluss ist beim Netzbetreiber zu beantragen, wobei die Vorgaben bei der Planung der Anlage zu berücksichtigen sind (→ Seite 77). Der elektrische Anschluss der Wärmepumpe darf nur durch einen zugelassenen Fachmann unter Beachtung der entsprechenden Bestimmungen und der Vorschriften ausgeführt werden.

Trinkwasserverordnung (TrinkwV)
Die Qualität des Trinkwassers muss in Deutschland hohen Anforderungen genügen. Die Trinkwasserverordnung (TrinkwV) gibt vor, dass Trinkwasser keine Krankheitserreger und Stoffe in gesundheitsschädigenden Konzentrationen enthalten darf und dass es „rein und genusstauglich“ ist. Die Trinkwasserverordnung regelt ferner die Pflichten der Versorgungsunternehmen sowie der Überwachungsbehörden und bestimmt die zu untersuchenden mikrobiologischen und chemischen Parameter sowie die Häufigkeit der Trinkwasserüberwachung. Um die hygienische Sicherheit des Trinkwassers zu gewährleisten, fordert die Verordnung auch, dass Grenzwerte und Anforderungen zur Wasserbeschaffenheit an den Zapfstellen des Trinkwassers im Haushalt eingehalten werden. Ab wann gesundheitliche Risiken zu erwarten sind, ist in dem Regelwerk durch entsprechende Grenzwerte beschrieben, die anhand festgelegter Probenahme-Vorschriften und Untersuchungsmethoden zu überprüfen sind.

Wärmepumpen dienen unter anderem auch zur Trinkwassererwärmung. Hierbei ist bei der Speicherung von Warmwasser im Sinne der TrinkwV unter anderem darauf zu achten, dass keine Legionellenbakterien entstehen, die gesundheitsgefährdend sein können (→ Seite 96).

Technische Regeln für Trinkwasser-Installation (DIN 1988-100 bis -600)
Ziel dieses Regelwerks ist es, Grundlagen für eine zuverlässige, technisch einwandfreie und sichere Trinkwasserversorgung zu schaffen. Dies betrifft unter anderem die Dimensionierung der Rohrdurchmesser einer Trinkwasserinstallation. Dies muss bei der Planung und dem Bau einer Wärmepumpenanlage durch ein Fachunternehmen berücksichtigt werden.

Verordnung über Anlagen zum Umgang mit wassergefährdenden Stoffen (AwSV)
Diese Rechtsverordnung der Bundesregierung dient dem Schutz der Gewässer vor aus ortsfesten Anlagen freigesetzten wassergefährdenden Stoffen. Wärmepumpen enthalten in geringen Mengen wassergefährdende Stoffe. Grundsätzlich gilt: Wassergefährdende Stoffe dürfen nicht ins Grundwasser gelangen. Deshalb dürfen in Trinkwasserschutzgebieten (Zone I bis II, gegebenenfalls Zone IIIa) keine erdgekoppelten Wärmepumpen installiert werden. Der Fachhandwerker und das Bohrunternehmen prüfen, ob der Anwendungsbereich gegeben ist und die Vorschriften der AwSV eingehalten werden müssen.

F-Gase-Verordnung (EU 517/2014)

Jede Wärmepumpe braucht ein Kältemittel. Derzeit werden noch häufig teilhalogenierte Fluorkohlenwasserstoffe (HFKW, kurz F-Gase) als Kältemittel verwendet. Im Zuge der Maßnahmen gegen den Klimawandel will die Europäische Union (EU) den Einsatz von klimaschädlichen F-Gasen beschränken. Mit der F-Gase-Verordnung wurde daher ein Mechanismus eingeführt, der die Menge an F-Gasen, die in der EU in Verkehr gebracht werden dürfen, stufenweise zurückfährt (Phase-down) (→ Seite 40). Zukünftig sollen darüber hinaus auch synthetische Kältemittel (per- und polyfluorierte Chemikalien, PFAS) verboten werden. Von dieser Thematik werden auch die Hersteller von Wärmepumpen und Kälteanlagen betroffen sein. Sie forcieren deshalb die Entwicklung von weniger klimaschädlichen und natürlichen Kältemitteln.

GUT ZU WISSEN

Zusätzliche Regeln bei Gaswärmepumpen

Bei Gaswärmepumpen sind zusätzliche gesetzliche Anforderungen zu beachten: die Feuerungsverordnungen der Länder (FeuVO), technische Regeln zur Gasinstallation (DVGW G 600) und die Betriebssicherheitsverordnung (BetrSichV), auf die im Rahmen dieses Ratgebers nicht näher eingegangen wird.

Landesbauordnungen

Luft-Wasser-Wärmepumpen stehen meist außerhalb des zu beheizenden Gebäudes. Sie gelten damit als bauliche Anlage und sind so anzuordnen, dass die öffentliche Sicherheit und Ordnung, insbesondere Leben, Gesundheit und natürliche Lebensgrundlagen nicht gefährdet werden. Hier sind unter anderem Abstände zu benachbarten Häusern und zur Grundstücksgrenze zu beachten. Dies ist in den Landesbauordnungen geregelt, die von Bundesland zu Bundesland unterschiedlich sein können. Sowohl in der sogenannten Musterbauordnung, die bundesweit von der Bauministerkonferenz vorgeschlagen wird, als auch in den meisten Landesbauordnungen sind Abstandsflächen in § 6 geregelt. Als Abstandsfläche bezeichnet man die Fläche vor Bauwerken, die von Bebauung freizuhalten ist. Die Tiefe der Abstandsfläche – also der Abstand – beträgt mindestens 3 Meter. Dies ist bei der Planung der Anlage zu berücksichtigen. Einige Bundesländer stufen das Außengerät einer Wärmepumpenanlage aber nicht mehr als bauliche Anlage ein, sodass die 3-Meter-Abstände nicht mehr eingehalten werden müssen.

Wasserhaushaltsgesetz

Alle Bohrmaßnahmen zur Erdwärmenutzung müssen vor dem Beginn der Maßnahmen bei der Unteren Wasserbehörde beantragt werden. Ein sogenanntes wasserrechtliches Verfahren ist notwendig, um den Schutz des Grundwassers mit der Nutzung der Erdwärme in Einklang zu bringen.

> GUT ZU WISSEN
>
> **Befristete Genehmigungen**
>
> Bitte beachten Sie, dass die Genehmigungen für Bohrmaßnahmen zeitlich befristet sind und nach Ablauf der Befristung neu beantragt werden müssen.

Wenn die Bohrarbeiten genehmigt wurden, müssen der Unteren Wasserbehörde Details zur Bohrung angezeigt werden, damit diese sich vor Ort von der fachgerechten Ausführung überzeugen kann. Inhalte der Bohranzeigen sind länderspezifisch geregelt. Sie beinhalten laut VDI-Richtlinie 4645 mindestens folgende Angaben:

→ Projektverantwortung (Bauherr, Bohrunternehmen, Bohrmeister usw.)
→ Projektlage (Kreis, Gemeinde, Gemarkung, Flurstück, Planungsunterlagen usw.)
→ Projekt (voraussichtlicher Beginn und Dauer, Arbeitszeiten, Anzahl und Tiefe der Bohrungen, Bohrdurchmesser, Anlagenleistung, Sondentyp, Wärmeträgerfluid usw.)
→ Geologie (voraussichtliche Schichtenfolge, Grundwasser usw.)
→ Bohrtechnik (Verfahren, Spülung, Verrohrungsschema, Verfüllung usw.)

→ TIPP VDI-Richtlinie gibt einen Überblick

Eine Zusammenfassung aller erforderlichen Genehmigungen, die Grundlagen zum Wasser- und Bergrecht sowie die daraus resultierenden Anforderungen für Wärmepumpenanlagen mit Grundwasserbrunnen, Erdwärmekollektoren oder Erdwärmesonden finden Sie in VDI-Richtlinie 4640 Blatt 1.

Für Bohrungen bis zu einer Tiefe von 100 Metern, die Erdwärme auf dem eigenen Grundstück gewinnen und nutzen, sind die Unteren Wasserbehörden der jeweiligen Bundesländer zuständig. Ab einer Bohrtiefe von mehr als 100 Metern oder wenn die Erdwärme nicht auf dem eigenen Grundstück gewonnen und genutzt werden soll, gilt zusätzlich das Bergrecht. Erdwärme ist ein Bodenschatz, dessen Aufsuchung (Erschließung), Gewinnung und Nutzung grundsätzlich unter das Bundesberggesetz fällt. Zuständig sind die Bergbehörden der jeweiligen Bundesländer, die diese Bohrungen vorab genehmigen müssen.

Der Antrag und die Anzeige der Bohrung werden durch das durchführende Bohrunternehmen oder das Planungsunternehmen in Absprache mit dem Bauherrn oder der Bauherrin vorgenommen.

→ **TIPP Bodenverhältnisse erkunden**
Ein Planungsbüro sollte einschätzen können, wie die geologischen Verhältnisse bei Ihnen vor Ort sind und ob diese bei der Bohrung zu Schwierigkeiten führen könnten. Einige Geologische Dienste der Bundesländer haben standortgenaue Potenzialkarten, die über die Bodenverhältnisse genauer Aufschluss geben können. Fragen Sie dort nach.

Schutz gegen Lärm

Da für die Nutzung von Außenluft oft Teile der Wärmepumpenanlage außerhalb des Gebäudes aufgestellt werden oder Luftkanäle eine Öffnung nach außen haben, müssen die Immissionsrichtwerte der TA Lärm eingehalten werden.
Diese sehen wie folgt aus:

Immissionsrichtwerte der TA Lärm

	TAGSÜBER (6 bis 22 Uhr)	NACHTS (22 bis 6 Uhr)
Industriegebiet	70 dB(A)	70 dB(A)
Gewerbegebiet	65 dB(A)	50 dB(A)
Kern-, Dorf-, Mischgebiet	60 dB(A)	45 dB(A)
allgemeines Wohngebiet / Kleinsiedlungsgebiet	55 dB(A)	40 dB(A)
reines Wohngebiet	50 dB(A)	35 dB(A)
Kurgebiet, für Krankenhäuser und Pflegeanstalten	45 dB(A)	35 dB(A)
Urbanes Gebiet	63 dB(A)	45 dB(A)

Abb. 2: Wärmepumpen dürfen nicht zu laut sein. Für unterschiedliche Gebiete gelten diese Grenzwerte.

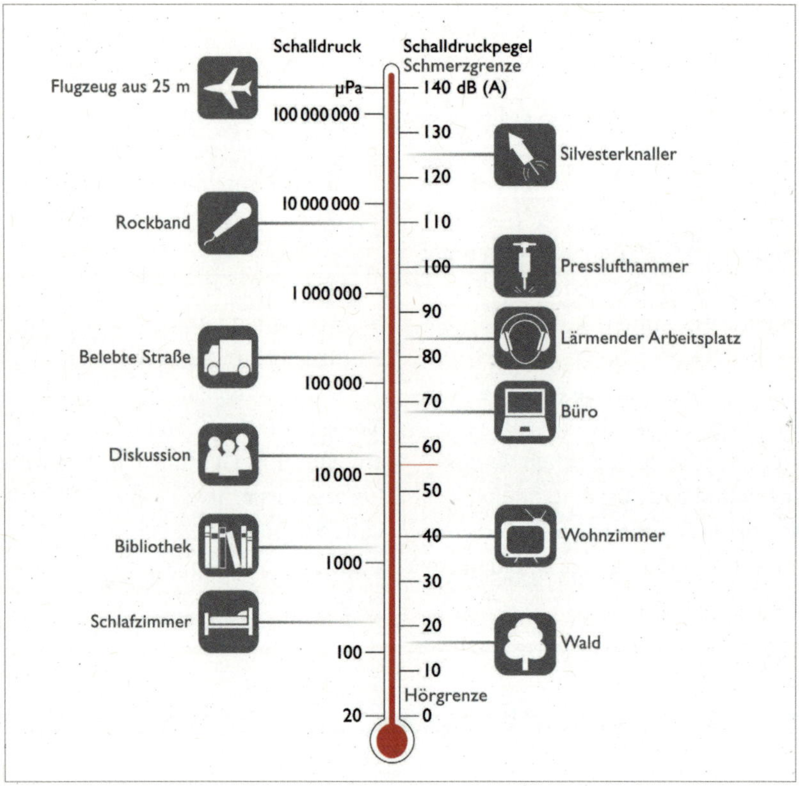

Abb. 3: Beispiele für Schalldruckpegel bekannter Geräusche.

Die Bezeichnung dB(A) (= „Dezibel – Bewertungskurve A“) ist die Maßeinheit des Schalldruckpegels, umgangssprachlich auch Geräuschpegel genannt. Die Luftmoleküle um eine Geräuschquelle herum werden in Schwingungen versetzt. Dadurch entsteht eine Druckschwingung, die bei Erreichen des menschlichen Ohrs das Trommelfell wiederum in Schwingungen versetzt, was dann beim Menschen wahrnehmbare Töne erzeugt. Abbildung zeigt Beispiele für Schalldruckpegel bekannter Geräusche. Das Gehör ist nicht für alle Tonhöhen gleich empfindlich. Der Einheit dB(A) liegt die international genormte und sogenannte Frequenzbewertungskurve „A“ zugrunde. Die Hörschwelle liegt bei 0 Dezibel. Eine Zunahme um 10 Dezibel entspricht in der subjektiven menschlichen Wahrnehmung einer Verdoppelung der Lautstärke. Die Grenze für Gehörschäden liegt bei 90 Dezibel. Die Wahrnehmung der Lautheit in einer Wohnumgebung ist abhängig von vielen Faktoren (Raumgestaltung, Bodenbeschaffenheit etc.). Weiterhin sind das von Mensch zu Mensch unterschiedliche Hörempfinden und sehr geringe Frequenzen in der Angabe eines Schalldruckpegels nicht berücksichtigt.

Die Bund/Länder-Arbeitsgemeinschaft für Immissionsschutz (LAI) hat einen Leitfaden für die Verbesserung des Schutzes gegen Lärm bei stationären Geräten – dazu zählen auch Wärmepumpen – veröffentlicht, der bei der Anwendung der TA Lärm helfen soll. Darin heißt es: „Klimageräte, Kühlgeräte, Lüftungsanlagen, Luft-Wärme-Pumpen und Mini-Blockheizkraftwerke geben bei ihrem Betrieb Geräusche ab, was bei der Aufstellung im Wohnumfeld immer wieder zu Beschwerden führt. Da Ruhebedürfnis und Sensibilität im Wohnbereich und Wohnumfeld hoch sind, werden oft bereits Geräuschpegel als sehr störend empfunden, die deutlich unter dem mittleren Geräuschpegel des Verkehrs liegen. Insbesondere in Neubaugebieten, welche gerade in Ballungsräumen durch Reihen- oder Doppelhausbebauung geprägt sind, kann es aufgrund der Nähe der einzelnen Grundstücke zueinander zu einer störenden Geräuschbelastung für die unmittelbare Nachbarschaft durch diese stationären Geräte kommen." Um solche störenden Geräuschbelastungen zu vermeiden, gibt der LAI-Leitfaden Tipps und bietet Fachplanern Berechnungsgrundlagen für die Aufstellung einer Luftwärmepumpe im Wohnumfeld.

→ TIPP Schallschutzberechnung bei Luft-Wasser-Wärmepumpen

Unter Mitwirkung der Wärmepumpenhersteller hat der Bundesverband Wärmepumpe e. V. (BWP) einen Schallschutzrechner entwickelt. Mithilfe dieses Rechners lassen sich die Lärmimmissionen von Luft-Wasser-Wärmepumpen nach der TA Lärm im Tagbetrieb zu Zeiten erhöhter Empfindlichkeit und während der Nacht beurteilen. Mit der Berechnung ist eine Abschätzung der Lärmimmissionen an schutzbedürftigen Räumen (zum Beispiel Schlafzimmer) auf angrenzenden Grundstücken und die Ermittlung des notwendigen Abstands der Wärmepumpe möglich. Die Ergebnisse resultieren aus dem überschlägigen Prognoseverfahren der TA Lärm, können aber im Streitfall kein individuelles Schallgutachten ersetzen. Dennoch ist der Schallschutzrechner ein nützliches Instrument, das bei jeder Planung – insbesondere von Luft-Wasser-Wärmepumpen – genutzt werden sollte.

www.waermepumpe.de/schallrechner

„Im Jahr 2022 gab es in NRW die Rekordzahl von knapp 2.100 Anzeigen für Bohrungen über 100 Meter Tiefe“

ERNST-GÜNTER WEISS ist Fachmann für Geothermie bei der Bezirksregierung Arnsberg (Bergbehörde NRW)

Welche Genehmigungsverfahren sind für die Nutzung von Erdwärme durch Erdwärmesonden erforderlich? Sind die Genehmigungsverfahren aufwendig?
Das Bundesberggesetz (BBergG) zur Regelung des Bergrechts und das Wasserhaushaltsgesetz (WHG) zum Schutz und zur Nutzung des Grundwassers sind die maßgeblichen Gesetze für die Genehmigungsverfahren zur Nutzung von Erdwärme durch Erdwärmesonden.
Erdwärme gilt nach dem BBergG als bergfreier Bodenschatz. Eine grundstücksbezogene Gewinnung von Erdwärme, zum Beispiel für die Beheizung eines Gebäudes, fällt allerdings nicht unter das BBergG. Eine Gewinnung von Erdwärme mit der Folge, dass eine Bergbauberechtigung und eine Betriebsplanzulassung erforderlich sind, liegt nur dann vor, wenn der Zweck der Erdwärmegewinnung nicht auf das Grundstück, in dem diese Gewinnung stattfindet, beschränkt bleibt, sondern darüber hinausgeht. Dies ist etwa der Fall, wenn mithilfe gewonnener Erdwärme Baulichkeiten auf anderen oder mehreren Grundstücken beheizt werden, ohne dass ein unmittelbarer räumlicher oder betrieblicher Zusammenhang besteht, oder wenn das Ziel der Gewinnung von Erdwärme ist, Strom oder Fernwärme zu erzeugen und in die allgemeinen Versorgungsnetze einzuspeisen.
Bohrungen, die mehr als 100 Meter in den Boden eindringen sollen, sind gemäß § 127 Abs. 1 BBergG der Bergbehörde anzuzeigen. In diesem Fall findet eine Prüfung durch die Bergbehörde statt. Die Prüfung der Bergbehörde für eine Bohrung zum Einbau einer Erdwärmesonde erstreckt sich zum Beispiel in Nordrhein-Westfalen insbesondere auf die Ermittlung bergbaulicher Gefährdungspotenziale, aber auch auf das Vorhandensein von Anhydrit oder von gespanntem Methan im Untergrund, das in das Bohrloch eindringen kann. Die Bergbehörde gibt als Ergebnis dieser Prüfung gegebenenfalls Hinweise und Empfehlungen oder erklärt im Einzelfall die Vorlage eines Betriebsplans für erforderlich, um daraufhin in einem Zulassungsbescheid verbindliche Auflagen (Nebenbestimmungen) für die Durchführung der Bohrung zu formulieren. Auch bei Bohrungen, deren Tiefe weniger als oder maximal 100 Meter beträgt, muss der Bohrunternehmer den Untergrund auf mögliche Gefährdungen überprüfen. In diesem Fall weist die Wasserbehörde auf diese Gefährdungen hin und darauf, welche Vorkehrungen bei einer entsprechenden Bohrung zu beachten sind, und informiert und / oder beteiligt gegebenenfalls andere in ihrem Aufgabenbereich berührte Behörden – beim Vorhandensein von Methan ist dies die Arbeitsschutzbehörde bei

der jeweils für den Standort zuständigen Bezirksregierung.
Da für die Erdwärmesonden wasserführende Gesteinsschichten durchbohrt und häufig bei der Nutzung der Erdwärme wassergefährdende Stoffe eingesetzt werden müssen, sind sowohl die Bohrung selbst als auch der Einsatz von wassergefährdenden Stoffen vom Vorhabenträger wasserrechtlich anzuzeigen. Diese Anzeige hat bei der örtlich zuständigen Wasserbehörde zu erfolgen.
Nach der Anzeige prüft die Wasserbehörde – in der Regel der Kreis oder die kreisfreie Stadt als Untere Wasserbehörde –, ob das angezeigte Vorhaben zulässig und ob gegebenenfalls ein wasserrechtliches Erlaubnisverfahren erforderlich ist. Das kann der Fall sein:

- bei Verwendung von wassergefährdenden Stoffen (Maschinenöl, Bohrspülflüssigkeit, Wärmeträgermedium),
- in Gebieten mit Risiken beziehungsweise Einschränkungen oder Standorten mit Altlasten oder Altablagerungen,
- in Wasser- und Heilquellenschutzgebieten und in Gebieten mit sonstigen schützenswerten Grundwasservorkommen.

Dazu möchte ich anmerken: Nach Kenntnis der Bergbehörde NRW gehen in einigen Bundesländern Untere Wasserbehörden grundsätzlich immer von einer erlaubnispflichtigen Gewässerbenutzung aus, sodass es dort nur des Antrags auf Erteilung der wasserrechtlichen Erlaubnis und keiner vorlaufenden Anzeige bedarf. Informationen über die einzuschlagende Verfahrensweise sind meist auf den entsprechenden Internetseiten der jeweilig zuständigen Unteren Wasserbehörden erhältlich.
Risiken im Zusammenhang mit den Bohrungen können in Gebieten mit Gefährdungspotenzialen des Untergrunds, in Gebieten des tages- und oberflächennahen Altbergbaus sowie gegebenenfalls auch des tiefer gelegenen Altbergbaus, in Gebieten mit aktueller Rohstoffgewinnung im Untertagebergbau oder im Tagebau sowie bei Altablagerungen oder Altstandorten auftreten. Die genannten Risiken können sowohl das Bauvorhaben, die Funktionstüchtigkeit und Anlagensicherheit, als auch den Schutz der Umwelt und Gewässer-/Grundwasserressourcen betreffen. Sind geologische und / oder bergbaubedingte Risiken vorhanden, ist von der zuständigen Wasserbehörde zu entscheiden, ob eine weitergehende Prüfung durch den Geologischen Dienst NRW oder durch die Bergbehörde erforderlich ist. Lassen die Risiken erhöhte Anforderungen an Planung und technische Ausführung erwarten oder stellen sie ein Ausschlusskriterium dar, ist generell eine Prüfung hinsichtlich der Gefährdungen des Untergrunds erforderlich.

Gibt es auch von Bauherren von Ein- und Zweifamilienhäusern viele Anträge auf Genehmigungen nach Bergrecht?

In den letzten Jahren ist die Anzahl der Anzeigen von Bohrungen oder Bohrprojekten gemäß § 127 BBergG, das heißt von Bohrungen mit geplanten Teufen von mehr als 100 Metern, bei der Bergbehörde NRW deutlich gestiegen. Die Auswertung der bei der Bergbehörde NRW angezeigten Bohrungen und Bohrprojekte der letzten 13 Jahre zeigt bis zum Jahr 2021 einen An-

stieg auf mehr als das Doppelte im Vergleich zum Jahr 2009. Auch wenn es dazwischen Jahre mit weniger angezeigten Bohrprojekten gegeben hat, zeigt dieser Trend deutlich nach oben. Im Jahr 2022 gab es dann die Rekordzahl von knapp 2.100 Anzeigen für Bohrungen mit geplanten Teufen von mehr als 100 Metern! Darunter waren jedoch lediglich 30 Bohrprojekte, die nicht einer späteren Geothermienutzung dienen sollten. Hierbei handelte es sich beispielsweise um Anzeigen für Brunnen oder Grundwassermessstellen oder für Erkundungsbohrungen.
Und noch ein wenig Statistik: Unter den 2.100 Bohrprojekten im Jahr 2022 waren auch zwölf Großprojekte mit jeweils mehr als 20 Bohrungen (geplante Teufen jeweils über 100 Meter) und damit wohl eher nicht nur für ein einzelnes Ein-, Zwei- oder Mehrfamilienhaus bestimmt.

Gibt es zwischen den Bundesländern Unterschiede in den Genehmigungsverfahren für Erdwärmesonden der oberflächennahen Geothermie?

Das BBergG und das WHG werden von den Bundesländern als eigene Angelegenheit ausgeführt. Im Rahmen ihrer Organisationshoheit regeln die Länder daher auch die Einrichtung der zuständigen Behörden und das Verwaltungsverfahren, soweit das Bundesrecht keine speziellen Verfahrensregelungen enthält. Unterschiede in der Ausführung dieser Bundesgesetze sind also im föderalen System der Bundesrepublik Deutschland angelegt.
Ein augenfälliges Beispiel für die nicht immer einheitliche Verwaltungspraxis ist, dass der Anwendungsbereich des Bergrechts für die Aufsuchung und Gewinnung oberflächennaher Geothermie sehr unterschiedlich bestimmt wird. So wird die oberflächennahe Erdwärme in einigen Bundesländern unter bestimmten Voraussetzungen schon nicht als bergfreier Bodenschatz angesehen, während in anderen Bundesländern – darunter auch NRW – anhand bestimmter Kriterien geprüft wird, ob eine grundstücksbezogene Gewinnung vorliegt, die im Ergebnis ebenfalls nicht dem Bergrecht unterfällt. Die Bundesländer stehen aber in einem regelmäßigen Austausch darüber, welche rechtlichen und technischen Anforderungen in den Genehmigungsverfahren zu stellen sind.
Gleichwohl wäre es im Interesse der Transparenz und der Verfahrensbeschleunigung sicherlich zu begrüßen, wenn der Gesetzgeber im Zuge der angedachten Modernisierung des Bergrechts eine klare, bundesweit einheitlich anzuwendende Regelung zur oberflächennahen Geothermie treffen würde.

Fachunternehmererklärung

Wurde die Anlage durch das Bundesamt für Wirtschaft und Ausfuhrkontrolle (BAFA) gefördert (→ Seite 145), ist dem Amt nach Fertigstellung eine Fachunternehmererklärung vorzulegen. Mit der Fachunternehmererklärung bestätigt ein Unternehmen nach Fertigstellung der Arbeiten, dass die ausgeführten Leistungen den notwendigen Vorschriften (Gesetze, Verordnungen, DIN-Normen, Richtlinien) entsprechen. In der Erklärung sind neben Angaben zum Installationsunternehmen der Standort der Anlage, Daten und Verwendungszweck der Wärmepumpe, Angaben zum alten Heizungssystem und eine Bestätigung des hydraulischen Abgleichs (→ Seite 137) anzugeben. Die Fachunternehmererklärung für Wärmepumpenanlagen ist herunterladbar unter:
www.bafa.de > Infothek

Anmeldung beim Stromnetzbetreiber

Strombetriebene Wärmepumpen müssen an das Stromnetz angeschlossen und die Stromlieferung abgerechnet werden. Die Strompreise können Sie bei Ihrem Stromlieferanten erfragen. Neben den fixen Kosten (Grundpreis, Stromzählermessung, gegebenenfalls Bereitstellung der Leistung) ist vor allem der Arbeitspreis (Cent/Kilowattstunde) entscheidend. Viele Energieversorger bieten für den Betrieb von Wärmepumpen einen speziellen Wärmepumpentarif an, der beim Stromlieferanten beantragt werden muss. Der Wärmepumpentarif ist circa 20 Prozent preiswerter als normaler Haushaltsstrom. Allerdings ist dafür ein zweiter Stromzähler notwendig, der nur den Strom für die Wärmepumpe misst. Die Kosten für den Einbau dieses zusätzlichen Zählers können sich angesichts des günstigeren Stromtarifs durchaus lohnen. Voraussetzung für den Abschluss eines Wärmepumpentarifs ist – neben dem zweiten Zähler –, dass der Anschluss eine sogenannte unterbrechbare Verbrauchseinrichtung hat. Dies ist zum Beispiel ein Rundsteuerempfänger, der über das Stromnetz vom Netzbetreiber Signale empfangen kann. Mit der Steuereinheit kann der Netzbetreiber die Stromlieferung zu festgelegten Zeiten unterbrechen. Die Unterbrechungen – maximal dreimal zwei Stunden pro Tag – finden in der Regel zu Zeiten statt, in denen das Stromnetz stark ausgelastet ist (vor allem morgens oder abends). Die Heizung ist aber so träge, dass diese Unterbrechungen keine merklichen Auswirkungen auf die Raumtemperatur haben. Zusätzlich ist es durch den Einsatz von sogenannten Doppeltarifzählern möglich, dass zu verschiedenen Zeiten unterschiedliche Strompreise – zum Beispiel tagsüber

Hochtarif (HT) und nachts Niedertarif (NT) – abgerechnet werden können.

Ist die Wärmepumpe mit einer Photovoltaikanlage (→ Seite 186) kombiniert, sind noch weitere Stromzähler notwendig, die den selbst erzeugten Strom berücksichtigen.

Lassen Sie den elektrischen Anschluss der Wärmepumpe und die Anmeldung beim Stromnetzbetreiber durch einen zugelassenen Fachmann vornehmen, der die entsprechenden Bestimmungen und Vorschriften kennt.

Das Lastmanagement mit Wärmepumpen ist erprobt und energieeffizient. Es schafft Synergien zwischen Strom- und Wärmesektor und trägt somit zum Klimaschutz bei. Achten Sie darauf, dass die Wärmepumpe, die bei Ihnen zum Einsatz kommen soll, das „SG Ready"-Label hat. Auch wird diese Schnittstelle im Rahmen der Bundesförderung BEG der BAFA verlangt. Eine Übersicht aller Modelle mit dem „SGReady"-Label für Smart-Grid-fähige Wärmepumpen zeigt der BWP unter:

www.waermepumpe.de > Normen & Technik > SG Ready-Label

Abb. 4: Eine Luft-Wasser-Wärmepumpe muss die Richtwerte der TA Lärm einhalten.

GUT ZU WISSEN

Smart Grid

Die elektrischen Netze werden immer intelligenter. Ein sogenanntes „Smart Grid" ermöglicht einen Informationsaustausch über Angebot und Nachfrage von Strom. Das wird zukünftig angesichts der stark schwankenden Energiemengen, die von Wind und Sonne erzeugt und ins Stromnetz eingespeist werden, immer wichtiger und sinnvoller. Durch einen intelligenten Stromzähler – ein sogenanntes „Smart Meter" – können Endkunden beispielsweise Signale erhalten, wenn günstiger Strom aus erneuerbaren Energien zur Verfügung steht, und diesen dann nutzen. Smart Meter helfen also dabei, den eigenen Strombedarf zu kontrollieren und gegebenenfalls Energie zu sparen. Smart Meter können Angebot und Nachfrage von Strom netzdienlich über die Smart-Grid-Schnittstelle der Wärmepumpe steuern. Dieser Vorgang nennt sich Lastmanagement.

Die Hersteller von Wärmepumpen entwickeln und vertreiben mittlerweile Geräte mit Schnittstellen, die flexible Stromtarife automatisch verarbeiten und die Wärmepumpe effizient steuern können. Der Bundesverband Wärmepumpe e. V. (BWP) hat für die Wärmepumpen, die auf diese Weise steuerbar sind, das sogenannte „SG Ready"-Label entwickelt.

Abb. 5: Logo des „SG-Ready"-Labels.

Was ist wichtig für den Betrieb der Wärmepumpe?

Wenn Sie eine Wärmepumpe installieren möchten, sollten Sie sich vorab überlegen, ob diese mit einem anderen Wärmeerzeuger kombiniert werden soll. Das kann vor allem in Bestandsgebäuden notwendig sein.

Für die Wirtschaftlichkeit einer Wärmepumpenanlage ist wichtig, welche Betriebskosten entstehen und wie man diese durch gute Dämmung und passende Heizkörper oder Flächenheizungen senken kann. Falls Sie die Wärmepumpentechnik auch zur Warmwasserbereitung sowie im Sommer zur Kühlung Ihres Hauses nutzen wollen, gilt es weitere Aspekte zu beachten.

Betriebsweisen

Es gibt verschiedene Möglichkeiten, eine Wärmepumpe zu betreiben: allein (monovalent), in Kombination mit einer elektrischen Zusatzheizung (monoenergetisch) oder in Kombination mit einem weiteren Wärmeerzeuger, der nicht mit Strom, sondern mit einem anderen Energieträger betrieben wird (bivalent).

Monovalenter Betrieb

In dieser Betriebsart deckt die Wärmepumpe allein und ausschließlich den Heizwärmebedarf des Gebäudes. Voraussetzung hierfür ist, dass die Energiequelle ganzjährig ein ausreichendes Energieangebot zur Verfügung stellt. Die geeignetsten Energiequellen für den monovalenten Betrieb sind:

- → Grundwasser
- → Erdreich
- → Kühl- oder Abwasser für Gewerbe- und Industrieanlagen

Diese Betriebsart ist vom energetischen Standpunkt aus gesehen die effizienteste. Bei gut gedämmten Gebäuden, wärmeisolierten Rohrleitungen und Heizungen mit niedriger Vorlauftemperatur kann die Wärmepumpe als einzige Wärmequelle eingesetzt werden. Bei Luft-Wasser-Wärmepumpen gibt es geeignete Modelle, die bis zu einer Außentemperatur von +15 bis -25 Grad Celsius monovalent betrieben werden können, also ohne den Einsatz einer Zusatzheizung wie beispielsweise eines Elektroheizstabs.

Monoenergetischer Betrieb

Beim monoenergetischen Betrieb sind zwei Wärmeerzeuger im Einsatz. Beide verwenden den gleichen Energieträger, also in der Regel Strom. Die gebräuchlichste Anwendung ist eine Wärmepumpe, die zur Abdeckung der Spitzenlast durch eine elektrische Zusatzheizung (Heizstab) unterstützt wird. Die Zusatzheizung produziert dann – ähnlich wie ein Tauchsieder – aus einer Einheit Strom etwas weniger als eine Einheit Wärme; ist also nicht so effizient wie eine Wärmepumpe. Sie wird nur dann zugeschaltet, wenn die Wärmepumpe bei niedrigen Außentemperaturen die notwendige Vorlauftemperatur allein nicht mehr bereitstellen kann. Die Wärmepumpe sollte so ausgelegt werden, dass sie mindestens 90 Prozent der Normheizlast deckt. Damit bleibt der De-

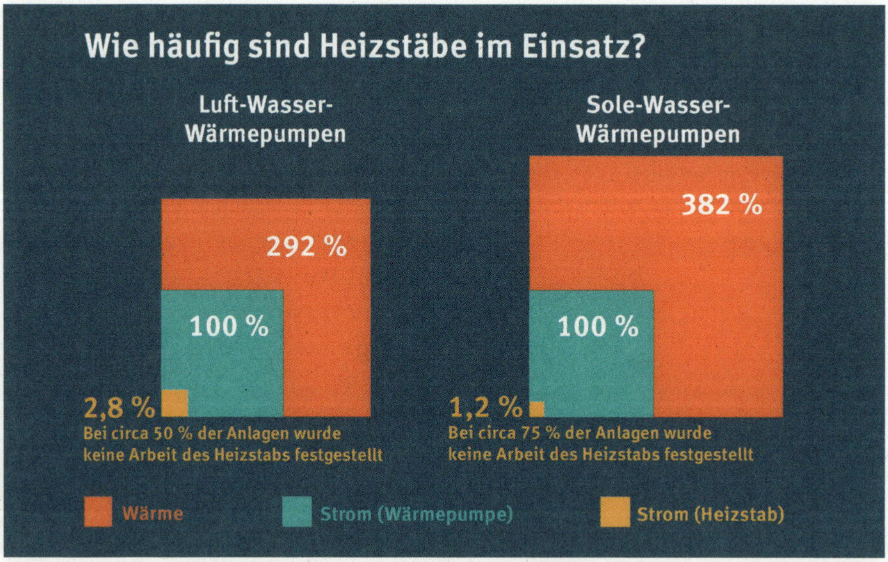

Abb. 1: Ergebnis eines Feldtests des Fraunhofer ISE zu Wärmepumpen, bei dem untersucht wurde, wie oft Heizstäbe arbeiten.

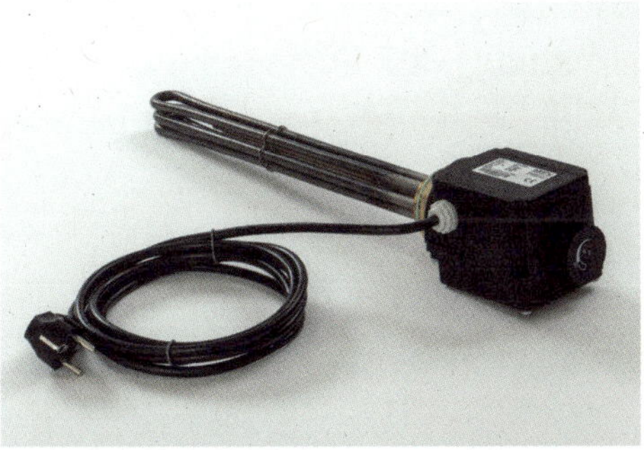

Abb. 2: Dieser Heizstab heizt das Wasser eines Pufferspeichers auf.

ckungsanteil der Zusatzheizung unter 10 Prozent bezogen auf die Normheizlast. Die Zusatzheizung ist also normalerweise nur in wenigen Tagen der Heizsaison notwendig. Abbildung 1 (→ Seite 82) zeigt das Ergebnis eines Feldtests zu Wärmepumpen, bei dem untersucht wurde, wie oft Heizstäbe arbeiten. Bei 117 untersuchten Luft-Wasser-Wärmepumpen, die zu 100 Prozent mit Strom betrieben wurden, wurde 292 Prozent Wärmeenergie erzeugt (Jahresarbeitszahl: 2,92). Für den Heizstab wurden nur 2,8 Prozent des Stroms eingesetzt. Bei etwa der Hälfte der Anlagen hat der Heizstab gar nicht gearbeitet. Bei den 149 untersuchten Sole-Wasser-Wärmepumpen ist das Ergebnis noch besser.

Bivalenter Betrieb

Im bivalenten Betrieb werden zwei Wärmeerzeuger mit unterschiedlichen Energieträgern eingesetzt. Beispielsweise besteht die Heizungsanlage dann aus einer Wärmepumpe in Kombination mit einem Gas-, Öl- oder Feststoffkessel. In dieser Kombination übernimmt die Wärmepumpe die Wärmeversorgung in dem Leistungsbereich, in dem sie besonders wirtschaftlich arbeitet. Erst wenn dieser Punkt, der Bivalenzpunkt, unterschritten ist, wird der Heizkessel zugeschaltet. Ob dieser ausschließlich oder parallel zur Wärmepumpe arbeitet, hängt von den individuellen Bedingungen des Hauses ab (alternativer oder paralleler Betrieb) und wird vom Fachhandwerker in der Steuerung entsprechend eingestellt.

Diese Betriebsart wird meistens bei der Sanierung von bestehenden Gebäuden in Altanlagen eingesetzt, wenn höhere Systemtemperaturen benötigt werden. Ein bivalenter Betrieb ist in der Regel nur bei Luft-Wärmepumpenanlagen und bei Anlagen mit Trinkwassererwärmung in Mehrfamilienhäusern (>60 Grad Celsius Wassertemperatur) sinnvoll. Wenn solche hohen Temperaturen benötigt werden, müsste bei einem monoenergetischen Betrieb der Heizstab oft arbeiten, was zu hohen Betriebskosten führen kann. Durch vorprogrammierte Einstellungen können Sie bei bivalenten Anlagen entscheiden, ob Sie das System eher nach ökologischen oder ökonomischen Faktoren betreiben möchten.

Betriebskosten und Stromtarife

Betriebskosten

Die Betriebskosten einer Wärmepumpe hängen im Wesentlichen vom Stromverbrauch der Anlage ab. Natürlich gehören auch die Wartungskosten zu den Betriebskosten, die allerdings – gerade bei der wartungsarmen Wärmepumpe – im Vergleich zum Stromverbrauch eher gering ausfallen. Kosten für den Schornsteinfeger entfallen gänzlich. Die Höhe des Stromverbrauchs hängt von der Jahresarbeitszahl (JAZ → Seite 29) ab.

Die Jahresarbeitszahl ist der Kennwert, mit dem das Verhältnis zwischen der abgegebenen Nutzwärme an das Heiz- und Warmwassersystem und der eingesetzten elektrischen Energie bezogen auf ein Jahr beschrieben wird. Je größer die JAZ ist, desto effizienter arbeitet die Wärmepumpe. Die verschiedenen Wärmepumpentypen haben prinzipiell unterschiedliche Jahresarbeitszahlen. Wenn Sie die Heizleistung und die Jahresarbeitszahl der Wärmepumpe kennen, können Sie den Stromverbrauch gemäß folgender Berechnung ermitteln:

Leistung Wärmepumpe (Kilowatt) x
Vollbenutzungsstunden (Stunde) :
Jahresarbeitszahl
=
Stromverbrauch
(Kilowattstunden/Jahr)

Mit Vollbenutzungsstunden ist die Anzahl der Stunden pro Jahr gemeint, die ein Wärmeerzeuger laufen würde, um die gesamte Jahreswärmemenge mit Volllast zu erzeugen. Ein Jahr mit 365 Tagen hat 8.760 Stunden. Würde der Wärmeerzeuger zu jeder Jahreszeit Tag und Nacht durchlaufen, so wären das 8.760 Vollbenutzungsstunden. In der Praxis läuft der Wärmeerzeuger in kalten Wintermonaten mit voller Leistung, im Sommer hingegen nur wenig. Von daher liegt ein realer Wert für die Vollbenutzungsstunden eines Wärmeerzeugers in Deutschland bei etwa 2.000 Stunden. Je älter das Gebäude und je ineffektiver der Wärmeerzeuger ist, desto größer ist die Zahl.

WÄRMEPUMPE	JAZ	STROMKOSTEN PRO JAHR (BEI 32 CT/KWH)
Luft-Wasser-Wärmepumpe	3,5	1650 €
Sole-Wasser-Wärmepumpe	4,0	1440 €
Grundwasser-Wärmepumpe	4,5	1280 €

Abb. 3: Ein Beispiel für grob kalkulierte Betriebskosten für verschiedene Wärmepumpentypen mit einer Heizleistung von 9 Kilowatt, 2.000 Vollbenutzungsstunden (also Heizwärmebedarf = 9 Kilowatt mal 2.000 Stunden – 18.000 Kilowattstunden) und einem Strompreis von 32 Cent/Kilowattstunde (inklusive Mehrwertsteuer).

Stromtarife

Der Strompreis ist für die Betriebskosten einer Wärmepumpenheizung eine wesentliche Größe. Er setzt sich aus dem Arbeitspreis und dem Grundpreis zusammen. Der Grundpreis ist vom Verbrauch unabhängig und beinhaltet beispielsweise die Leitungsbereitstellung, die Abrechnung und die Zählermiete. Er macht üblicherweise einen deutlich kleineren Anteil an der Gesamtrechnung aus. Der Arbeitspreis wird in Cent pro Kilowattstunde (ct / kWh) angegeben. Je mehr Kilowattstunden verbraucht werden, desto höher fällt die Jahresrechnung aus. Der Arbeitspreis multipliziert mit dem Jahresverbrauch wird zum Grundpreis addiert.

Der Arbeitspreis setzt sich hauptsächlich aus drei Kostenquellen zusammen:

- → aus der Energielieferung (Erzeugung und Vertrieb),
- → aus Beiträgen für die Netznutzung und
- → aus staatlichen Abgaben, Steuern und Umlagen.

Der Strompreis setzt sich derzeit zu 37,6 Prozent aus der Energielieferung, zu 22,5 Prozent aus den Beiträgen zur Netznutzung und zu 39,9 Prozent aus Beiträgen zu Steuern, Abgaben und Umlagen zusammen. Während

HINTERGRUND

Abgeschafft: die EEG-Umlage

Bis Ende Juni 2022 wurden 3,7 Cent pro Kilowattstunde als sogenannte EEG-Umlage (Teil der staatlichen Abgaben) auf den Strompreis aufgeschlagen. Die EEG-Umlage finanzierte den Ausbau der erneuerbaren Energien. Diese Umlage wurde insbesondere von Betreibern der umweltfreundlichen Wärmepumpe kritisiert, da sie ja bereits erneuerbare Energien in Form von Umweltwärme nutzt. Die EEG-Umlage ist zum 1.7.2022 abgeschafft worden. Seitdem werden die erneuerbaren Energien aus dem Sondervermögen des Bundes, dem „Energie- und Klimafonds (EKF)“, gefördert.

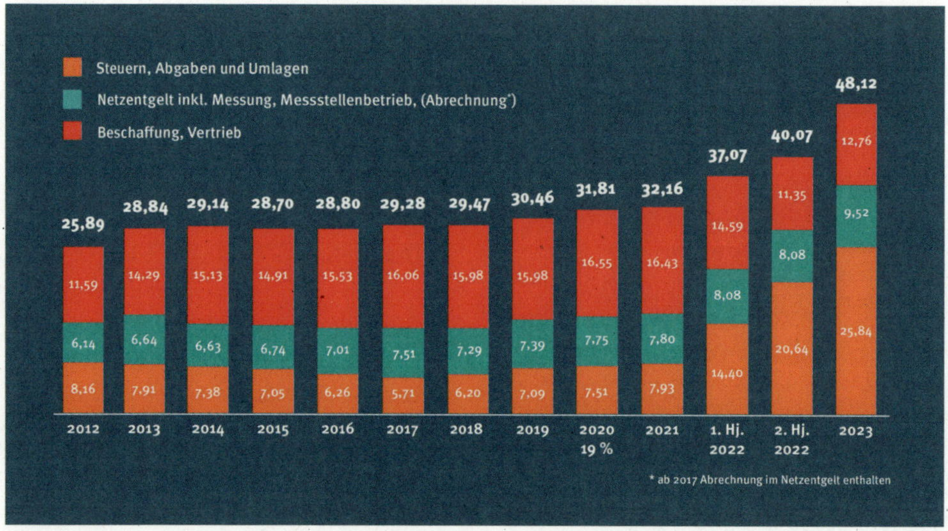

Abb. 4: Durchschnittlicher Strompreis für Haushalte in Cent/Kilowattstunde in den Jahren 2012 bis 2023 bei einem Jahresverbrauch von 3.500 Kilowattstunden. Der Grundpreis ist anteilig enthalten.

die Netzentgelte und die staatlichen Abgaben nicht vom Stromversorger beeinflussbar und somit fix sind, werden die Kosten von Stromerzeugung, Transport und Vertrieb vom Stromversorger selbst festgelegt. Das ist der Preisanteil, um den die Stromanbieter im Wettbewerb stehen.

Zudem gibt es bei den einzelnen Stromanbietern unterschiedliche Stromtarife: Industriekunden, die viel Strom beziehen, bekommen einen günstigen Stromtarif. Dann gibt es einen Tarif für den normalen Haushaltsstrom, der in der Regel rund um die Uhr zur Verfügung steht. Weiterhin gibt es Heiztarife für Nachtspeicherheizungen und Wärmepumpen. Dieser Strom ist günstiger, kann allerdings in Zeiten hoher Stromnachfrage abgeschaltet werden (→ Seite 77). Die Erfahrung zeigt, dass diese Abschaltzeiten, in denen die Wärmepumpe nicht läuft, bei gut eingestellten Wärmepumpenanlagen durch ausreichend dimensionierte Pufferspeicher keinen Komfortverlust bedeuten.

Die Abbildung zeigt die durchschnittliche Preisentwicklung der Hauptbestandteile von Haushaltsstrom (Steuern, Netzentgelte, Beschaffung) für die Jahre 2012 bis Anfang 2023. Deutlich ist der starke Anstieg 2022 zu sehen, der ursächlich mit dem Krieg in der Ukraine zusammenhängt. Die Strompreise für Haushaltsstrom lagen in dem Beispiel Anfang 2023 im Bereich von 48 Cent/Kilowattstunde.

Der Bezug von Strom unterliegt dem freien Markt. Jeder, der Strom nutzt, kann den Stromanbieter auswählen. Es lohnt sich, die Preise verschiedener Stromanbieter zu vergleichen und gegebenenfalls zu einem günstigeren Anbieter zu wechseln. Dabei lauern jedoch einige Fallstricke. Die Verbraucherzentrale gibt dazu hilfreiche Tipps: www.verbraucherzentrale.de/node/10645

Wenn Sie sich für eine Wärmepumpe entscheiden, können Sie diese mit gewöhnlichem Haushaltsstrom betreiben. Es werden von Stromanbietern am Markt aber auch Sondertarife oder Heizstromtarife für Wärmepumpen angeboten, die im Vergleich mit Haushaltsstrom circa 20 Prozent günstiger sind, andererseits aber auch eine zusätzliche technische Ausstattung verlangen, die Kosten verursacht (→ Seite 77).

In Zukunft wird es dynamische Stromtarife geben, die einen kostenoptimalen Betrieb der Wärmepumpe ermöglichen. Wird zu einem bestimmten Zeitpunkt besonders viel Strom etwa durch die preiswerte Windkraft erzeugt, sinkt der Strompreis und die Wärmepumpe kann genau dann eingeschaltet werden. Das spart Kosten, entlastet das Stromnetz und verhindert zum Beispiel das Abregeln von Windkraftanlagen. Voraussetzung ist, dass ein digitaler Zähler vorhanden ist und Ihre Wärmepumpe ein SG-Ready-Label hat.

BEISPIEL

Lohnt sich der Wärmepumpentarif?

Bei einem Stromverbrauch von 5.000 Kilowattstunden für die Wärmepumpe ergeben sich bei einem Sondertarif für Wärmepumpenstrom von 32 Cent/Kilowattstunde Betriebskosten von 1.600 Euro. Dazu kommen Kosten für den zusätzlichen Zähler und die Messeinrichtungen (Rundsteuerempfänger) in Höhe von circa 90 Euro pro Jahr. Das macht zusammen 1.690 Euro.
Bei einem Haushaltsstromtarif von 34 Cent/Kilowattstunde läge der jährliche Strompreis bei 1.700 Euro. Der Wärmepumpentarif müsste also mindestens 2 Cent/Kilowattstunde günstiger sein als der Haushaltsstrom, damit sich die Mehrkosten für Zähler und Rundsteuerempfänger rechnen.

Heizlast

Der sinnvolle Einsatz einer Wärmepumpe ist eng mit der energetischen Qualität des Gebäudes verknüpft. Grundsätzlich gilt: Je geringer die Heizlast (Heizleistung) je Quadratmeter ist, umso klimafreundlicher und kostengünstiger ist das Heizen und umso besser eignet sich das Gebäude für eine Wärmepumpe.

Die energetische Qualität eines Gebäudes ist ein wichtiges Kriterium, um zu ermitteln, wie viel Heizenergie und damit wie viel Heizlast benötigt wird. Wie sich die Heizlast berechnen lässt, erfahren Sie auf → Seite 111. Wenn sich bei einem Bestandsgebäude herausstellt, dass die Heizlast zu hoch ist, um eine Wärmepumpe effektiv zu betreiben, können Sie durch zusätzliche Dämmmaßnahmen (→ Seite 107) die Heizlast senken.

HINTERGRUND

Vorlauftemperatur

Mit „Vorlauf" sind die Rohre gemeint, die an der heißen Seite eines Wärmeerzeugers (Wärmepumpe, Heizkessel, Sonnenkollektor etc.) austreten und die Wärme zu den Heizkörpern, Flächenheizungen oder einem Warmwasserspeicher leiten. Die Temperatur an dieser Stelle ist die Vorlauftemperatur. Welche Vorlauftemperatur zum Heizen erforderlich ist, hängt von der Außentemperatur ab. Wenn die Differenz zwischen Außen- und Vorlauftemperatur gering ist, kann die Wärmepumpe effizient arbeiten. Ist die Differenz im Winter größer, arbeitet die Wärmepumpe weniger effizient, weil sie mehr Strom benötigt.

Heizkörper oder Flächenheizung?

Um einen Raum möglichst energieeffizient zu beheizen, sollte die Vorlauftemperatur eines Heizsystems möglichst gering sein. Grundsätzlich gilt: Je größer die Heizfläche dimensioniert wird, desto geringer kann die Vorlauftemperatur ausfallen, um die benötigte Wärmemenge in den Raum zu übertragen.

Besonders gut eignen sich Flächenheizsysteme (Fußbodenheizung, Wandheizung, Deckenheizung) für den Betrieb mit einer Wärmepumpe. Denn sie sind relativ groß und brauchen daher nur eine Vorlauftemperatur von rund 30 Grad Celsius. Geeignet sind auch wandhängende Heizkörper, die auf eine Vorlauftemperatur von 35 bis 45 Grad Celsius ausgelegt sind.

In einem Neubau können Sie die Heizsysteme direkt ausreichend groß planen und einbauen. In einem Bestandsgebäude, das mit einer Wärmepumpe ausgestattet werden soll, müssen Sie die vorhandenen Heizkörper mit der Heizlast des Raumes vergleichen – also mit der Wärmezufuhr, die nötig ist, um eine bestimmte Raumtemperatur zu

„Die Digitalisierung der Energiewende schreitet weiter voran."

CLAUS FEST ist Leiter Energiewirtschaft & Beschaffung bei der EnBW Energie Baden-Württemberg AG sowie Geschäftsführer der EnBW Energiegemeinschaft e. V. Seit April 2021 ist er Mitglied des Vorstandes im Bundesverband Wärmepumpe (BWP) e. V.

Wenn alle Häuser mit Wärmepumpen beheizt und die Autos elektrisch aufgeladen werden, brechen dann die Stromnetze in Deutschland zusammen?
Nein. Die Prognosen sagen wegen der steigenden Elektrifizierung zwar einen Anstieg des Stromverbrauchs in Deutschland bis 2030 voraus, doch dies führt nicht zu einem flächendeckenden Blackout oder zu unkontrollierbaren Ausfallzeiten im Netz. Die Verteilnetzbetreiber sind sich dieser Herausforderung bewusst und arbeiten sowohl heute als auch in den nächsten Jahren intensiv an der Ertüchtigung und dem Ausbau der Netze. Eine wichtige Rolle spielen dabei die Digitalisierung der Netze sowie die Verbraucher (die zum Beispiel über eine Wärmepumpe oder eine Wallbox für ein Elektrofahrzeug verfügen). Durch die digitale Vernetzung und die Anbindung vieler dezentraler Anlagen vor Ort an das Netz können diese im Engpassfall zielgerichtet und schonend gedrosselt oder kurzfristig ausgeschaltet werden. Damit werden der Bedarf und das Angebot besser aufeinander abgestimmt.

Wärmepumpenstrom kann bis zu drei Mal für zwei Stunden pro Tag abgeschaltet werden. Wie oft machen Stromversorger und Netzbetreiber davon Gebrauch?
Die Lastabsenkung einzelner sogenannter steuerbarer Verbraucher, wie zum Beispiel einer Wärmepumpe, durch den Netzbetreiber erfolgt nur in Situationen, in denen die Stromnachfrage punktuell zu hoch ist. Sie greift folglich nur für die Zeiten, in denen tatsächlich ein Engpass vorhanden ist, und bezieht sich immer auf eine räumlich begrenzte Zone, wie zum Beispiel eine Straße oder ein Wohngebiet. Ziel und Aufgabe des Netzbetreibers ist es, stets sein Netz so zu dimensionieren und auszubauen, dass Überlastsituationen gar nicht oder so wenig wie möglich auftreten. Die Steuerungsmöglichkeit des Netzbetreibers ist also immer von der tatsächlichen Spitzenlastsituation im (Teil-)Netz abhängig und kann von einem (vorübergehend) täglichen Absenken bis zu einem Absenken nur wenige Male im Jahr reichen. Dabei sind die Zeiträume so zu dimensionieren, dass der Nutzer nicht über Gebühr eingeschränkt wird und er seine Anlage weiterhin noch nutzen kann.

Viele Wärmepumpen tragen bereits das Smart-Grid-Ready-Label. Wann wird es Smart Grids – also intelligente Stromnetze – geben, um die Vorteile dieser Technik nutzen zu können?

Die Digitalisierung der Energiewende schreitet weiter voran. Durch die Regelungen für die steuerbaren Verbraucher und den Einbau von Smart Metern wird ab 2024 das Produktangebot weiter steigen. Zudem ist es wichtig, dass die Anlagen im ersten Schritt durch ein Energiemanagementsystem vor Ort optimal eingebunden werden können. Durch das Zusammenspiel von beispielsweise einer Photovoltaikanlage, eines Batteriespeichers, einer Wallbox und einer Wärmepumpe können für den Nutzer Kosten reduziert und der Anteil an erneuerbaren Energien vor Ort ideal aufeinander abgestimmt werden.

Wird es in absehbarer Zeit variable Stromtarife auch für Wärmepumpen geben?

Variable oder dynamische Tarife gibt es bereits heute. Inwieweit Tarife mit variablen und sich täglich ändernden Preisen für den Kunden sinnvoll sind, hängt jeweils von seinem individuellen Verbrauch und seinem Verbrauchsverhalten ab. Sofern die Möglichkeit besteht, zum Beispiel durch ein Energiemanagementsystem Anlagen in ihrem Verbrauch zu optimieren, können dynamische Tarife helfen, Energiekosten zu sparen.

erreichen. Wird die Heizlast mit einer Wärmepumpe nicht erreicht, müssen vorhandene Heizköper gegen größere Heizkörper ausgetauscht oder weitere Heizkörper ergänzt werden. Wird die Heizfläche auf diese Weise größer, kann die Vorlauftemperatur abgesenkt werden.

Wird bei Heizkörpern bei sehr kalten Außentemperaturen an wenigen Tagen im Jahr eine Vorlauftemperatur bis 55 Grad Celsius benötigt, ist das auch noch akzeptabel. Alternativ dazu gibt es spezielle Sanierungsheizkörper (auch Wärmepumpenheizkörper genannt), die dank eines eingebauten Wärmetauschers eine sehr große Oberfläche besitzen und über kleine Ventilatoren die Konvektion (→ Seite 91) unterstützen. Hier reichen Vorlauftemperaturen von 35 Grad Celsius bei richtiger Auslegung aus.

Bei Flächenheizsystemen gibt es verschiedene Möglichkeiten. Neben der Fußbodenheizung, die es als Nasssystem (Verlegen von Rohrleitungen und Ausgießen mit Estrich) oder für die Sanierung auch als Trockensystem gibt, sind Wand- oder Deckenheizungen eine gute Alternative, wenn die Bodenfläche nicht ausreichend groß ist oder nicht für eine Sanierung zur Verfügung steht. Wichtig bei Flächenheizungen, wie auch bei wandhängenden Heizkörpern, ist die raumweise Berechnung der Heizlast und die genaue Auslegung der Heizfläche. Der

Verlegeabstand der meistens aus Verbundkunststoff bestehenden Rohre liegt bei 10 bis 15 Zentimetern. Die Länge der Heizschlangen ergibt sich aus der maximalen Vorlauftemperatur und der Heizlast des Raums. Sie können Wand-, Decken- und Fußbodenheizungen auch kombinieren. Wenn beispielsweise in Ihrem Badezimmer die Fläche des Fußbodens nicht groß genug ist, können Sie dort zusätzlich eine Wandheizung installieren.

In der Regel können Sie eine Wärmepumpe auch mit Heizkörpern effizient betreiben. Denn häufig sind die vorhandenen Heizkörper bereits ausreichend dimensioniert, um mit Vorlauftemperaturen bis 55 Grad Celsius die gewünschte Wärme an den Raum abzugeben. Ein Fachhandwerker kann die Leistung des Wärmeübertragungssystems überprüfen und optimieren, um die Vorlauftemperatur abzusenken. Für jeden Heizkörper und jeden Raum lässt sich errechnen, welche Wärmeübertragung bei welcher Vorlauftemperatur sinnvoll möglich ist. Häufig genügen einfache Maßnahmen, um das hydraulische System an die Anforderungen der Wärmepumpe anzupassen. Wenn nötig, lassen sich einzelne Heizkörper unkompliziert und kostengünstig durch moderne größere Varianten ersetzen. Die neue Generation Wärmepumpen kann auch Vorlauftemperaturen von 70 Grad Celsius schaffen, falls dies während besonders kalter Außentemperaturen kurzfristig nötig sein sollte. Grundsätzlich sollten Sie allerdings versuchen, die notwendige Heizlast vor allem durch eine energetische Sanierung, wie zum Beispiel durch Dämmmaßnahmen, zu reduzieren.

Es gibt verschiedene Arten von Wärmeübertragern. Diese sorgen dafür, dass die in der Heizung produzierte Wärme in die einzelnen Räume des Hauses transportiert wird. Grundsätzlich wird zwischen Strahlungswärme und Konvektionswärme unterschieden.

Bei der **Konvektion** wird die Raumluft erwärmt. Kalte Luft wird am Heizkörper erwärmt und steigt nach oben zur Decke. Dort kühlt sie sich ab und sinkt zurück zum Boden. So entsteht eine Luftzirkulation. Die Temperaturverteilung im Raum ist ungleichmäßig. Oben im Raum ist es wärmer als unten in Bodennähe.

Strahlungswärme wird durch elektromagnetische Wellen – speziell durch Infrarotstrahlung – übertragen. Dies ähnelt der wärmenden Wirkung der Sonne. Die elektromagnetischen Wellen treffen auf einen festen Körper und bringen die darin enthaltenen Atome in schnelle Schwingungen, was zu einer Erwärmung führt. Diese Strahlungswärme erhitzt nicht die Raumluft, sondern die sich im Raum befindlichen Gegenstände und Körper. Die gleichmäßig im Raum verteilte Wärme wird von den meisten Menschen als sehr angenehm empfunden.

Viele Heizkörper übertragen sowohl Konvektionswärme als auch Strahlungswärme. Je höher die Vorlauftemperatur ist, desto höher ist der Anteil der Konvektionswärme. Den größten Anteil an Strahlungswärme haben Flächenheizungen (90 Prozent). Sie sind am besten für Wärmepumpen geeignet und erzeugen ein angenehmes Raumklima. Konvektionsheizkörper sind weit verbreitet und relativ günstig. Flächenheizungen sind allerdings im Vergleich zu Konvektionsheizkörpern sehr träge, das heißt, sie geben nicht sofort Wärme ab, nachdem sie eingeschaltet wurden.

Die folgende Tabelle zeigt verschiedene Typen von Wärmeübertragern und eine Bewertung der Eignung für eine Wärmepumpenheizung.

TYP	EIGENSCHAFTEN	GEEIGNET FÜR WÄRMEPUMPEN
Gussheizkörper	Sehr schwer, sehr großes Wasservolumen, gute Strahlungswärme (70 %), Konvektionswärme 30 % , Zuleitungen meist mit großem Querschnitt, sehr teuer	+++
Stahlrippen-Heizkörper	Schwer, sehr großes Wasservolumen, Strahlungswärmeanteil 60 %, Konvektionswärmeanteil 40 %, Zuleitungen meist mit großem Querschnitt, sehr teuer	+++
Röhrenheizkörper	Schwer, großes Wasservolumen, Strahlungswärmeanteil 60 %, Konvektionswärmeanteil 40 %, teuer	++
Plattenheizkörper	Leicht, geringes Wasservolumen, Strahlungswärmeanteil 50 %, Konvektionswärmeanteil 50 %, preiswert	++
Konvektorheizkörper	Leicht, geringes Wasservolumen, Strahlungswärmeanteil 30 %, Konvektionswärmeanteil 70 %, preiswert	+
Niedertemperatur-Heizkörper	Leicht, geringes Wasservolumen, Konvektionswärme (Anteil 80 %) aufgrund integrierter Wärmetauscher und Ventilatoren gut, teuer, auch zum Kühlen geeignet	+++
Fußboden-, Wand- und Deckenheizung	Großes Wasservolumen, aufwendige Installation, ca. 90 % Wärmestrahlung, 10 % Konvektion, teuer	+++

Abb. 5: Verschiedene Typen von Wärmeübertragern und ihre Eignung für den Betrieb mit einer Wärmepumpe (+++ = am besten geeignet).

Die folgenden Abbildungen zeigen verschiedene Wärmetauschertypen.

Abb. 6: Plattenheizkörper.

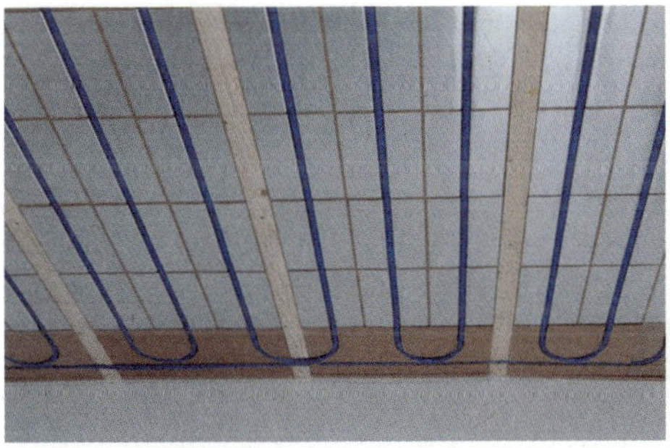

Abb. 7: Deckenheizung.

Abb. 8: Fußbodenheizung.

Abb. 9: Wandheizung.

Abb. 10: Gussheizkörper.

Abb. 11: Röhrenheizkörper.

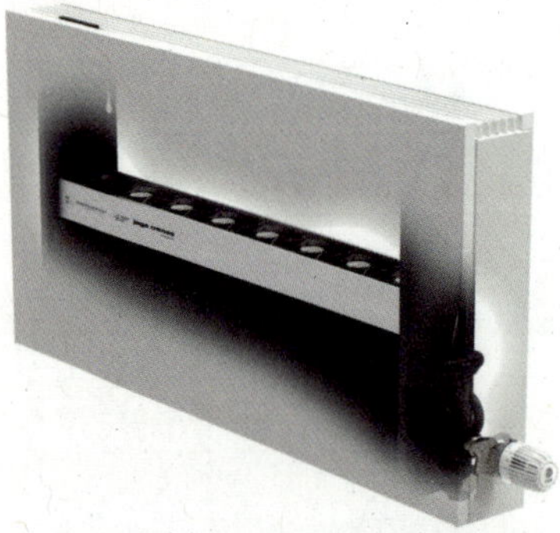

Abb. 12: Niedertemperatur-Heizkörper. Das Gebläse ist im unteren Bereich des Tieftemperatur-Heizkörpers verbaut und bläst die Konvektionsluft nach oben aus dem Heizkörper heraus.

→ **TIPP Heizkörperrechner**
Mit dem Heizkörperrechner des Bundesverbandes Wärmepumpe e. V. (www.waermepumpe.de/normen-technik/heizkoerperrechner) können Sie grob berechnen, ob und wie das hydraulische System angepasst werden muss, um gegebenenfalls die Vorlauftemperatur abzusenken.

In der Praxis hat sich herausgestellt, dass die **Nachtabsenkung** in Kombination mit einer Wärmepumpe oft kontraproduktiv ist und zu höheren Stromkosten führt. Deshalb sollte die Nachtabsenkung in Zusammenhang mit einer Wärmepumpe ausgeschaltet werden (→ Seite 139). Gerade bei Flächenheizungen ist die Trägheit der Systeme sehr groß, sodass die zeitliche Verzögerung zum Beispiel bei einer Fußbodenheizung zwischen 6 und 8 Stunden beträgt. Das bedeutet für eine Fußbodenheizung: Wird ab 22 Uhr die Raumtemperatur bis 6 Uhr morgens von 21 auf 18 Grad Celsius abgesenkt, tritt dieser Effekt erst 6 bis 8 Stunden später ein. Wenn um 6 Uhr die Raumtemperatur wieder auf 21 Grad Celsius angehoben wird, dauert es wiederum 6 bis 8 Stunden, bis die Raumtemperatur tatsächlich wieder 21 Grad Celsius erreicht hat.

Kühlen mit der Wärmepumpe

Es gibt Wärmepumpen, die durch internes Umschalten des Kältekreises auch zur Kühlung genutzt werden können **(aktive Kühlung)**. Der Wärmetauscher der kalten Seite (Verdampfer) wird im Kühlbetrieb zum Wärmetauscher für die warme Seite (Verflüssiger). So können Sie ohne zusätzlichen Installationsaufwand im Sommer mit einer Fußbodenheizung die Räume temperieren. Mit dieser Betriebsweise ist eine angenehme Abkühlung der Wohn- oder Büroräume auch über einen längeren Zeitraum möglich. Dabei müssen Sie allerdings darauf achten, dass der sogenannte Taupunkt nicht unterschritten wird.

Eine Alternative zur aktiven Kühlung mit der Wärmepumpe ist die **passive, energiefreie Kühlung** (Natural Cooling). Bei dieser

ACHTUNG

Taupunkt: Rutschgefahr und Gefahr von Schimmelbildung

Die Luft ist ein Gemisch verschiedener Gase. Eines dieser Gase ist Wasserdampf. Die Menge an Wasserdampf, die in der Luft enthalten sein kann, ist allerdings begrenzt. Je wärmer die Luft ist, desto mehr Wasserdampf kann in ihr enthalten sein: Bei 25 Grad Celsius Lufttemperatur beispielsweise beträgt der Wassergehalt 23 Gramm/Kubikmeter. Bei 20 Grad Celsius sind es 17,3 Gramm/Kubikmeter und bei 30 Grad Celsius 30,3 Gramm/Kubikmeter.

Beim Kühlen sinkt die Temperatur der Raumluft. Der absolute Wassergehalt der im Raum vorhandenen Luft bleibt aber konstant und die relative Luftfeuchte steigt mit sinkender Temperatur, da die kühlere Luft weniger Wasser aufnehmen kann. Wird die Lufttemperatur weiter gesenkt, wird der sogenannte Taupunkt erreicht. Die relative Luftfeuchte beträgt dann 100 Prozent. Wird die Temperatur noch weiter abgekühlt, kommt es zur Kondensation: Es bilden sich auf den Kühlflächen Wassertropfen. Dies sollten Sie aus Gründen der Rutschgefahr und der Gefahr von Schimmelbildung unbedingt vermeiden. Die Vorlauftemperatur sollte daher eine Mindesttemperatur nicht unterschreiten. Hersteller von Wärmepumpen empfehlen für die Kühlfunktion eine Vorlauftemperatur von circa 20 Grad Celsius. Bei einer Lufttemperatur von 25 Grad Celsius und einer relativen Luftfeuchte von 70 Prozent liegt der Taupunkt bei einer Temperatur von 19 Grad Celsius. Im Mittel stellt sich im Haus eine relative Luftfeuchte von 50 bis 55 Prozent ein, sodass eine Taupunktunterschreitung nicht eintritt.

Die obere Luftfeuchte von 65 Prozent sollte übrigens nach den Normen EN 814 T1–T3 und DIN 1946 grundsätzlich nicht überschritten werden, um Feuchteschäden zu vermeiden.

Tipp: Es gibt Taupunktfühler, die die Gefahr der Taupunkt-Unterschreitung erkennen.

Lösung wird die niedrige Temperatur im Erdreich ohne Zuschaltung des Verdichters der Wärmepumpe direkt genutzt. Diese Variante ist zum Beispiel mit einer Fußbodenheizung nutzbar. Zur passiven Kühlung können daher nur erd- und grundwassergekoppelte Systeme genutzt werden. Sie ist zudem träger als die aktive Kühlung.

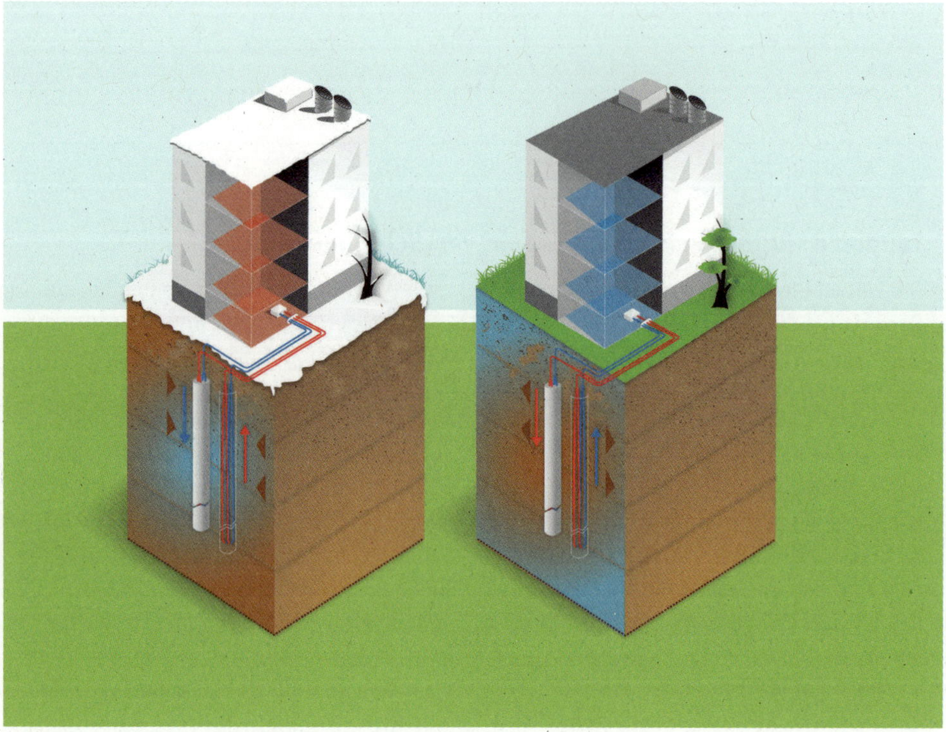

Abb. 13: Schematische Darstellung der Wärme- oder Kälteverteilung einer Wärmepumpe im Heizbetrieb (links) und im Kühlbetrieb (rechts).

Im Fall der aktiven Kühlung ist es erforderlich, dass der Kältekreis der Wärmepumpe umkehrbar ist. Dies ist bei sämtlichen Wärmequellen möglich. Sowohl die aktive als auch die passive Kühlung lassen sich mit geringen Mehrkosten verwirklichen und führen zu einer erheblichen Steigerung des Komforts. Bei der Planung und beim Kauf der Anlage sollten Sie darauf achten, dass die Kühlfunktion vorhanden ist.

Warmwassererzeugung und Trinkwasserhygiene

Es ist für uns heutzutage selbstverständlich, jederzeit warmes Wasser zur Verfügung zu haben.

Warmwasser wurde früher häufig als ein Nebenprodukt angesehen. Gas- und Ölheizungen lieferten quasi automatisch durch die hohen Verbrennungstemperaturen im Heizsystem heißes Wasser. Heute machen wir uns mehr Gedanken ums Wasser. Wasser ist zum einen ein schützenswertes und in manchen Regionen rares Gut sowie lebenswichtige Ressource. Zum anderen erfordert die Erwärmung von Wasser Energie, die – wie auch das Heizen des Gebäudes – effizient und klimaschonend sein sollte. Wenn nun Wärmepumpen für die Warmwasserbereitstellung sorgen sollen, besteht bei manchem Nutzer die Sorge, dass das komplizierter und nicht so komfortabel vonstattengeht. Diese Sorge ist unberechtigt. Wärmepumpen sind geeignete Instrumente zur Warmwasserbereitung, die komfortabel und vor allem energiesparend warmes Wasser zum Duschen und Baden liefern.

Was die Trinkwasserhygiene angeht, so ist die bereits vorgestellte Trinkwasserverordnung (TrinkwV) (→ Seite 68) eine wichtige gesetzliche Grundlage. Überall, wo warmes Wasser erzeugt, transportiert, gespeichert und genutzt wird, ist Sorgfalt geboten.

Besonders wichtig ist der Schutz vor Legionellen. Diese stäbchenförmigen Bakterien können gesundheitsschädlich sein und die Legionärskrankheit und das Pontiac-Fieber auslösen. Sie finden optimale Lebensbedingungen im Temperaturbereich von 25 bis 50 Grad Celsius in Wasserspeichern, bei langen Verweilzeiten und bei geringer Fließgeschwindigkeit. Vor allem das Einatmen belasteten Wassers als Aerosol (zum Beispiel beim Duschen) kann zur Erkrankung führen.

Es gibt eine Reihe von Maßnahmen zur Verringerung des Legionellenwachstums. Diese sind unter anderem im Arbeitsblatt W 551 des Deutschen Verbandes der Gas- und Wasserwirtschaft (DVGW) beschrieben. Eine wichtige Maßnahme ist die sogenannte thermische Desinfektion. Bei einem Legionellenbefall gilt die thermische Desinfektion heute vielerorts noch als die beste Desinfektionsmethode. Sie ist einfach durchführbar und kommt ganz ohne Chemie aus. Das Prinzip ist simpel: Ab einer Temperatur von 55 Grad Celsius können sich Legionellen nicht mehr vermehren. Darum wird die Wassertemperatur so eingestellt, dass sie an allen Stellen der Trinkwasserinstallation regelmäßig für mindestens 3 Minuten mindestens 55 Grad Celsius beträgt. Bei dieser Temperatur sterben die Keime ab.

GUT ZU WISSEN

Regel für Mehrfamilienhäuser

Laut Trinkwasserverordnung ist in Mehrfamilienhäusern der Vermieter zu einer regelmäßigen Trinkwasseruntersuchung auf Legionellen verpflichtet. Diese Untersuchung muss alle drei Jahre durchgeführt werden.

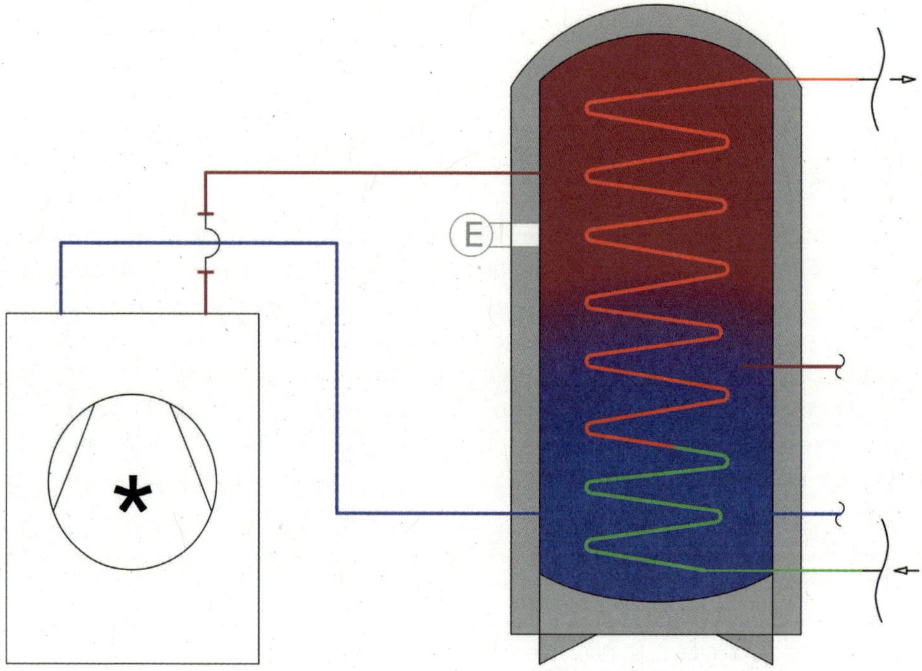

Abb. 14: Beispiel für eine Systemtrennung: Die Wärmepumpe versorgt einen Pufferspeicher mit Wärmeenergie. Durch den Pufferspeicher verläuft ein spiralförmiger Wärmeübertrager, der vollständig von Heizungswasser umgeben ist. Hier wird im Durchlaufprinzip Trinkwarmwasser erwärmt.

Die Planung und Auslegung des Trinkwassernetzes ist fachgerecht durchzuführen. Dazu gehört die Verwendung von kurzen Leitungen mit nicht zu großen Rohrquerschnitten. Die Rohrleitungen für Warm- und Kaltwasser sollten gut gedämmt sein. Gering durchflossene Leitungen oder auch Reserveleitungen sollten vermieden werden.

Eine Systemtrennung zwischen der Heizung und dem Trinkwassernetz ist notwendig, um das Zurückfließen von Heizungswasser in das Trinkwassernetz zu verhindern. Das könnte zum Beispiel dann passieren, wenn der Druck im Heizungsnetz stark ansteigt oder der Druck im Trinkwassersystem abfällt.

Weiterhin sollte die Warmwassererzeugung und die Einspeisung ins Trinkwassernetz über Wärmetauscher erfolgen. Diese Systemtrennung (→ Seite 98) führt dazu, dass das bevorratete Warmwasser im Speicher nur der Wärmespeicherung dient. Wenn nun warmes Wasser zum Duschen benötigt wird, fließt kaltes Wasser durch einen Wärmetauscher im oder am Warmwasserspeicher, erwärmt sich und fließt dann durch den Duschkopf. In dieser kurzen Verweilzeit von wenigen Minuten ist es sehr unwahrscheinlich, dass sich Legionellen vermehren. Zusätzlich kann durch eine sogenannte Legionellenschaltung das System in bestimmten Abständen auf Temperaturen von >55 Grad Celsius aufgeheizt werden, um Legionellen in den Rohrleitungen zu minimieren.

Vorteilhaft sind vernetzte Leitungssysteme und Zirkulationsleitungen, in denen das warme Trinkwasser ständig oder zumindest zu den Hauptnutzungszeiten in Bewegung gehalten wird. Eine längere Bevorratung von Warmwasser sollten Sie vermeiden. So ist es wichtig, dass Sie nach längerer Nichtnutzung – zum Beispiel nach dem Urlaub – die Leitungen und den Warmwasserspeicher vor der Nutzung spülen.

Ihr Weg zur Wärmepumpe

Wenn Sie eine Wärmepumpe in Ihr Gebäude einbauen lassen wollen, ist eine gute Planung und Beratung unabdingbar. Je nachdem, ob es sich bei Ihrem Haus um einen Neubau oder einen Bestandsbau handelt, sind die Wege zur Wärmepumpe unterschiedlich.

Im Verlauf der Planung und Installation einer Wärmepumpenanlage haben Sie es mit verschiedenen Gewerken, Unternehmen und Ansprechpartnern zu tun:

- → Fachplaner (inklusive Architekt)
- → Energieberater
- → Fachhandwerker (Elektro- und Sanitärhandwerk)
- → Stromanbieter
- → Stromnetzbetreiber

Bei Erdwärmenutzung zusätzlich:

- → Untere Wasserbehörde
- → gegebenenfalls Bergbehörde (falls die Bohrung tiefer als 100 Meter sein soll)
- → Bohrunternehmen

Für die Planung und Dimensionierung von Heizungsanlagen für kleine und mittlere Wohngebäude oder Gebäude mit wohnähnlicher Nutzung, bei denen eine Wärmepumpe zum Einsatz kommen soll, ist unter anderem die Richtlinie des Vereins Deutscher Ingenieure (VDI), die VDI-Richtlinie 4645, maßgeblich. Planer und Handwerker müssen ihre Arbeiten an dieser Richtlinie orientieren.

→ TIPP Fachleute hinzuziehen

Wichtig sind Fachleute für die Planung und Umsetzung sowie eine gute Beratung im Vorfeld, zum Beispiel durch die Energieberatung der Verbraucherzentralen (→ Seite 207).

Bestandsaufnahme und Energieberatung

Zu Beginn der Überlegungen steht die Bestandsaufnahme. Ob bei Neubau oder Bestandsbau: Sie sollten die Rahmenbedingungen des Gebäudes und des Grundstücks kennen und sich Gedanken über Ihre individuellen Wünsche und Ihre finanziellen Möglichkeiten machen.

Beim **Neubau** sind die Gestaltungsmöglichkeiten naturgemäß größer. Die Planung der Größe und Architektur des Gebäudes, der Anzahl und Aufteilung der Räume usw. geschieht im Rahmen des Baurechts und Ihrer finanziellen Möglichkeiten nach Ihren individuellen Wünschen. Die Überlegungen zur Energieversorgung sollten Sie schon von Anfang an bei der Planung mitberücksichtigen. Für einen Neubau müssen Sie bei der zuständigen Baubehörde einen Bauantrag stellen. Teil des Bauantrags ist der Wärmeschutznachweis. Einige der zu erfüllenden Punkte (Gebäudedämmung, Anteil der erneuerbaren Energien, Lüftung) werden durch das Gebäudeenergiegesetz (GEG) vorgegeben. Wenn Sie eine Wärmepumpe einbauen möchten, müssen Sie zunächst entscheiden, welche Art der Wärmequelle (Luft, Erdreich, Wasser) infrage kommt. Dabei sind unter anderem diese Überlegungen wichtig:

→ Wo könnte die Außeneinheit bei einer Luft-Wasser-Wärmepumpe platziert werden?
→ Haben Sie die Möglichkeit, das Erdreich als Wärmequelle zu erschließen?
→ Soll die Wärmepumpe nur als Heizung dienen oder im Sommer zusätzlich als Kühlung?
→ Welches Wärmeverteilsystem (Flächenheizung oder Heizkörper) soll installiert werden?
→ Auf welche Art soll das Trinkwasser erwärmt werden?
→ Kann zusätzlich die Nutzung von Solarenergie in das Energiesystem integriert werden?
→ Bei Erdwärmenutzung: Welches Erdwärmepotenzial bietet Ihr Grundstück und wie sieht es mit der wasserrechtlichen Genehmigungsfähigkeit aus?
→ Welche Möglichkeiten der Förderung (→ Seite 145) gibt es?

GUT ZU WISSEN

Individueller Sanierungsfahrplan (iSFP): Modernisieren mit Köpfchen

Der individuelle Sanierungsfahrplan, kurz iSFP, ist eine auf Sie zugeschnittene Strategie, um Ihr Gebäude Schritt für Schritt zu sanieren. Ein Energieberater oder eine Energieberaterin legt diese Strategie gemeinsam mit Ihnen fest. Diese Sanierungsschritte sind dabei so aufeinander abgestimmt, dass Ihre Umbau- und Modernisierungsaktivitäten ökonomisch und energetisch optimiert sind.
Der Umfang des iSFP richtet sich dabei nach Ihren Wünschen und Möglichkeiten als Hausbesitzerin oder Hausbesitzer. Im iSFP können wenige Einzelmaßnahmen beschrieben werden, der Plan kann aber auch bis zur kompletten Gebäudesanierung reichen. Wenn der iSFP fertig ist, erhalten Sie die beiden für Sie wichtigsten Dokumente: „Mein Sanierungsfahrplan“ und die „Umsetzungshilfe für meine Maßnahmen“.
Der iSFP wird in der Bundesförderung für Energieberatung für Wohngebäude vom Bundesamt für Wirtschaft und Ausfuhrkontrolle (BAFA) anerkannt. Damit können Sie einen Zuschuss für Ihre Energieberatung erhalten.
Weitere Infos finden Sie unter:
www.verbraucherzentrale.de/node/59828

Beim Einsatz einer Wärmepumpe in einem **Bestandsgebäude** liegen die Gebäudedaten (Haustyp, Größe des Gebäudes, Anzahl und Aufteilung der Räume) im Wesentlichen fest. Gegebenenfalls werden im Rahmen einer Sanierung Räume anders aufgeteilt oder anders genutzt. Die oben genannten Fragen sind jedoch auch vor dem Einbau einer Wärmepumpe in ein Bestandsgebäude zu klären. Tun Sie dies mithilfe einer Energieberatung. Die Verbraucherzentralen stehen hier gerne zur Verfügung. Ein hilfreiches Instrument ist der „individuelle Sanierungsfahrplan“, der zeigt, wie Ihr Haus Schritt für Schritt modernisiert und umgebaut werden kann.

„Viele suchen Antwort auf die Frage, was für sie zukünftig die beste und sinnvollste Heizungstechnik ist."

SUSANNE BERGER ist Energieberaterin bei der Verbraucherzentrale NRW.

Sie beraten Endverbraucher zum Thema Wärmepumpe. Nutzen Sie diese Technik auch selbst?

Ja, für unser modernisiertes Einfamilienhaus aus dem Jahr 1890 mit Heizkörpern nutzen wir eine Hybridwärmepumpe mit Gasbrennwertkessel. Mit der Gasheizung erwärmen wir unser Brauchwasser und heizen bei tiefen Temperaturen zu, um höhere Vorlauftemperaturen bei gleichzeitig guter Effizienz der Luft-Wasser-Wärmepumpe zu erreichen. Die Wärmepumpe läuft das ganze Jahr durch und ermöglicht durch den modulierenden Betrieb eine größtmögliche Nutzung des eigenen Photovoltaikstroms.

Was sind die meistgestellten Fragen der Ratsuchenden?

Viele Verbraucherinnen und Verbraucher sind unsicher, ob ihr Haus bereits wärmepumpentauglich ist und wie sie bezüglich Fördermitteln vorgehen sollten. Die Sorge, dass das Haus nicht richtig warm werden könnte, ist noch immer weit verbreitet. Wir erklären daher in unseren Beratungen immer, wie wichtig eine gute Planung und Auslegung der Wärmepumpe ist, um einen zufriedenstellenden Betrieb zu garantieren.

Raten Sie immer zum Betrieb einer Wärmepumpe?

Meistens. Ausnahmen gibt es da, wo ein effizientes Nah- oder Fernwärmenetz auf Basis erneuerbarer Energien verfügbar ist oder das Haus so effizent ist, dass es eigentlich keine Heizung mehr braucht. Sollte das Haus aber im Moment noch höhere Vorlauftemperaturen brauchen und sollten kurzfristig keine energetischen Modernisierungsmaßnahmen geplant sein, besteht die Möglichkeit, zunächst eine Hybridwärmepumpe einzubauen.

Kann die Verbraucherzentrale alle angefragten Energieberatungen auch durchführen?

Im letzten Jahr war die Energieberatung der Verbraucherzentrale sehr stark nachgefragt. Bei den Verbraucherinnen und Verbrauchern ist eine große Verunsicherung deutlich spürbar. Viele suchen Antwort auf die Frage, was für sie zukünftig die beste und sinnvollste Heizungstechnik ist. Daher haben wir Online-Beratungsrunden eingeführt, die täglich zu verschiedenen Themen durchgeführt werden, um für alle Ratsuchenden kurzfristig erreichbar zu sein.

Wo sehen Sie Optimierungsbedarf beim Betrieb der Wärmepumpe?

Der Wärmepumpeneinbau sollte für den Heizungsbauer einfacher möglich sein und Optimierungen bei der Inbetriebnahme sollten möglichst automatisiert werden.

Auch für Verbraucherinnen und Verbraucher sollte die Regelungstechnik einfacher verständlich und einschließlich der Effizienzkontrolle besser zugänglich sein. Grundsätzlich wären natürlich eine höhere Effizienz bei höheren Vorlauftemperaturen und eine weitere Reduzierung der Lautstärke bei Luft-Wasser-Wärmepumpen wünschenswert. Der Lautstärkeproblematik könnte man bei Reihenhausbebauung und Ähnlichem im Rahmen einer Quartierslösung mit kalten Nahwärmenetzen, die als gleichbleibend gute Wärmequelle für die eigene Wärmepumpe dienen können, begegnen.
Für die Wirtschaftlichkeit wären zukünftig günstigere Wärmepumpentarife wichtig, die die Betriebskosten reduzieren würden.

Die Anlage planen

Nach der ersten Bestandsaufnahme der baulichen Gegebenheiten sind folgende Schritte zu planen:

- → Prüfung der Vorgaben des GEG
- → Berechnung der Gebäudeheizlast (→ Seite 111)
- → Berechnung der Raumheizlasten
- → Wahl des Wärmeverteilsystems (Flächenheizung, Heizkörper)
- → Überschlägige Auslegung der Heizflächen
- → Gegebenenfalls überschlägige Berechnung der Kühllast
- → Ermittlung des Trinkwarmwasserbedarfs
- → Wahl der Art der Trinkwassererwärmung
- → Dimensionierung der Wärmepumpe (und gegebenenfalls weiterer Wärmeerzeuger)
- → Wahl der Betriebsweise
- → Wahl der Wärmequelle (Erdreich, Luft, Grundwasser)
- → Überschlägige Dimensionierung der Wärmequelle
- → Beschaffenheit des Grundstücks, Platzbedarf für Kollektorfläche ermitteln
- → Bei Erdwärmenutzung: Einholung von Genehmigungen
- → Gegebenenfalls Einbindung von Solarenergie
- → Prüfung, ob Sanierungen oder der Austausch von Bauteilen in Angriff genommen werden, die sowieso nötig sind

Neubau

Bei der Planung und Umsetzung einer Wärmepumpenanlage müssen Sie die **Vorgaben des Gebäudeenergiegesetzes (GEG)** beachten. Das GEG enthält energetische Anforderungen, die beheizte und klimatisierte Gebäude erfüllen müssen. Dazu gehören Vorgaben zum Wärmedämmstandard und zur Nutzung erneuerbarer Energien, die im Neubau zum Heizen oder auch zum Kühlen umgesetzt werden müssen.

Das GEG arbeitet mit dem Konzept des sogenannten **Referenzgebäudes**. Das ist ein „virtuelles Hilfsgebäude“, das die gleiche Geometrie, Nutzfläche und Ausrichtung wie das geplante Gebäude hat, in dem eine Standardgasheizung vorgesehen ist. Die Gebäudehülle des Referenzgebäudes – Außenwände, Fenster, Türen, Decken, Dach – und seine Anlagentechnik sind in ihrer Art und Qualität bezogen auf die Nutzfläche des Gebäudes in einer Anlage des GEG beschrieben. Für dieses Referenzgebäude wird dann der Jahres-Primärenergiebedarf nach den Berechnungsvorgaben des GEG ermittelt und mit dem berechneten Jahres-Primärenergiebedarf des geplanten Neubaus verglichen. Alle Neubauten müssen nach GEG folgende Anforderungen erfüllen (www.geg-info.de):

Jahres-Primärenergiebedarf: Der berechnete Wert für die Anlagentechnik bezogen auf die Gebäudenutzfläche darf nicht höher sein als 55 Prozent des Jahres-Primärenergiebedarfs des entsprechenden Referenzgebäudes. Um die Energiebilanz des Gebäudes zu ermitteln, werden neben der Raumheizung und -kühlung auch die Warmwassererzeugung, der Betrieb von Lüftungsanlagen sowie der Strom berücksichtigt, den diese Geräte im Betrieb benötigen (zum Beispiel Heizungspumpen, Heizkessel, Regler).

Wärmeschutz: Der Wärmeverlust durch die Gebäudehülle durch Transmission darf nicht größer sein als der Wert des entsprechenden Referenzgebäudes. Der Beleg erfolgt anhand eines Wärmeschutznachweises, worin auch weitere Faktoren wie zum Beispiel innere Wärmegewinne, solare Wär-

HINTERGRUND

Primärenergie und Primärenergiefaktor

Primärenergie ist die im Haus benötigte Energie samt allen Verlusten und zusätzlichen Energieeinsätzen, die auf dem Weg von der Rohstoffgewinnung bis zu Ihrem Haus entstehen („Vorkette"). Beispiel Strom: Der Strom kommt in Deutschland zu circa 52 Prozent aus fossilen Kraftwerken (Gas, Kohle) mit hohen Verlusten (hoher Primärenergiefaktor), aber zunehmend aus erneuerbaren Quellen (Primärenergiefaktor 0). Der **Primärenergiefaktor** für den gesamten Strommix ist seit 2016 auf 1,8 festgesetzt, wird aber wohl bald sinken. Beispiel: Ein Haus (beheizte Fläche 150 Quadratmeter) wird mit einer Wärmepumpe beheizt. Die Wärmepumpe benötigt 2.000 Kilowattstunden Strom jährlich. Ihr Primärenergieverbrauch beträgt dann 2.000 Kilowattstunden x 1,8 = 3.600 Kilowattstunden und der spezifische Primärenergiebedarf (Primärenergiebedarf bezogen auf den Quadratmeter Wohnfläche) beträgt 3.600 Kilowattstunden : 150 = 24 Kilowattstunden/Quadratmeter und Jahr.

megewinne und Lüftungsverluste berücksichtigt werden.

Wärmebrücken: Die Wärmeverluste durch Anschlüsse in der Gebäudehülle müssen so gering wie möglich sein, jedoch muss die Eliminierung von Wärmebrücken wirtschaftlich vertretbar sein. Der Einfluss von Wärmebrücken wird auch in der Energiebilanz rechnerisch berücksichtigt. Dies ist Teil des Wärmeschutznachweises. Fälschlicherweise werden Wärmebrücken auch als Kältebrücken bezeichnet, was daher kommt, dass die auf der Innenfläche gemessenen Temperaturen in diesen Bereichen geringer (= kälter) sind.

Dichtheit: Die Gebäudehülle muss dauerhaft luftundurchlässig und abgedichtet sein, jedoch ist ein Mindestluftwechsel für die Qualität und den Feuchtegehalt der Raumluft notwendig. Dieser Mindestluftwechsel kann durch die Fensterlüftung oder eine Lüftungsanlage gewährleistet werden. Die Dichtheit der Gebäudehülle kann durch einen Blower-Door-Test nachgewiesen werden.

Hitzeschutz: Der sommerliche Wärmeschutz muss gewährleisten, dass es im Gebäude in den heißen Jahreszeiten nicht zu warm wird. Dafür wird ein entsprechender rechnerischer Nachweis geführt. Hier geht es darum, zum Beispiel den Wärmeeintrag im Sommer durch Fenster zu minimieren. Das kann etwa durch außen liegende Verschattungselemente realisiert werden.

Weiterhin gilt: Neubauten müssen 65 Prozent des benötigten Wärme- und Kältebedarfs über Quellen aus **erneuerbaren Energien** (→ Seite 25) decken.

Fazit: Bei der Planung eines Neubaus gibt das GEG – was die Gebäudehülle und die Energieversorgung angeht – die hauptsächlichen Rahmenbedingungen vor. Daran müssen Sie als Bauherr oder Bauherrin sowie die beteiligten Fachplaner und Fachhandwerker sich halten.

Darüber hinaus sind selbstverständlich auch Ihre individuellen Anforderungen und -wünsche (wie zum Beispiel Autarkiegrad, Nutzung von erneuerbaren Energien, geringer CO_2-Footprint etc.) wichtig.

Bestandsgebäude

Im Rahmen einer Energieberatung werden verschiedene Vorschläge erarbeitet, wie der Heizwärmebedarf Ihres Bestandsgebäudes und damit die Heizlast gesenkt werden kann. Typische Dämmmaßnahmen betreffen die Fenster und Türen, die oberste Geschossdecke, die Unterseite der Kellerdecke und die Dämmung der Wärmeverteilung. Weitere, etwas aufwendigere Maßnahmen sind die Dämmung des Dachs und der Außenwände.

→ **TIPP Sanierungskonfigurator**
Eine gute Möglichkeit, die verschiedenen Varianten selbst durchzurechnen, bietet Ihnen der Sanierungskonfigurator des Bundesministeriums für Wirtschaft und Klimaschutz (BMWK) unter www.sanierungskonfigurator.de. Ob die gewählten Maßnahmen auch unter bauphysikalischen Aspekten problemlos und schadensfrei umsetzbar sind, kann Ihnen ein Energieberater sagen. Werden zum Beispiel nur die Fenster ausgetauscht, kann es zu Feuchteproblemen in den Räumen kommen. Ziehen Sie also unbedingt eine Energieberatung hinzu.

Wenn Sie im Rahmen einer Sanierung eine Wärmepumpe in einem Bestandsgebäude installieren wollen, berücksichtigen Sie vorab folgende Punkte:

- → Anhand der vorhandenen Gebäudehülle mögliche Maßnahmen zur Reduzierung des Heizwärmebedarfs ermitteln (Achtung: Werden Bauteile gedämmt oder Fenster ausgetauscht, müssen sie die Mindestanforderungen der Anlage 7 des GEG erfüllen)
- → Bisherige Verbrauchsdaten und vorhandenen Wärmeerzeuger dokumentieren
- → Ermittlung der Heizlast (→ Seite 111) und Festlegung der Nutzeranforderungen
- → Wahl der Wärmequelle (Erdreich, Luft, Grundwasser)
- → Wahl des Wärmeverteilsystems (Flächenheizung, Heizkörper)
- → Ermittlung des Trinkwarmwasserbedarfs und Wahl der Warmwassererzeugung
- → Beschaffenheit des Grundstücks, Platzbedarf für Wärmequelle ermitteln

Der Wärmedurchgangskoeffizient, auch **U-Wert** genannt, ist ein Kennwert für die Wärmedurchlässigkeit eines Bauelements. Der U-Wert sagt aus, welche Wärmeleistung pro Quadratmeter durch ein Bauelement fließt, wenn Außen- und Innenfläche einem gleichbleibenden Temperaturunterschied von 1 Grad Kelvin (1 K) ausgesetzt sind. Der U-Wert wird in Watt pro Quadratmeter und Kelvin ($W/m^2 K$) angegeben. Der U-Wert ist abhängig von der Wärmeleitfähigkeit und der Dicke eines Materials. Je niedriger der U-Wert, umso besser ist die Wärmedämmeigenschaft.

Der U-Wert ist ein geeigneter Kennwert für die Beurteilung der unterschiedlichen Gebäudebestandteile. Der Planer hat entsprechende Tabellen mit Pauschal-U-Werten für unterschiedlichste Arten von Außenwänden, oberste Geschossdecken und Flachdächer, Dachschrägen, Kellerdecken und Fenster oder berechnet sie mit einer entsprechenden Software.

Beispielhaft seien in der folgenden Tabelle einige wenige U-Werte für verschiedene Bauteile und -arten genannt. Weiterhin finden Sie in der Tabelle einige Vorschläge zur Verbesserung des U-Werts.

BAUTEIL	BAUART	U-WERT (W/M² K)	DÄMMMASSNAHMEN (WÄRMELEITGRUPPE* WLG 040)	U-WERT (W/M² K) NACH DÄMMMASSNAHME
Außenwand	Ziegelmauer 40 cm, Baujahr bis 1918	2,2	10 cm Außendämmung	0,34
Außenwand	Leichtes Mauerwerk Porenziegel	1,0	8 cm Außendämmung	0,33
Außenwand	Porenbeton	0,5	4 cm Außendämmung	0,33
Oberste Geschossdecke	Betondecke mit 5 cm Dämmung oberseits	0,6	16 cm Dämmung	0,18
Oberste Geschossdecke	Betondecke mit 12 cm Dämmung oberseits	0,3	10 cm Dämmung	0,17
Dachschräge	Standard: 8 cm Dämmung zwischen den Sparren	0,5	Dämmung zwischen und auf den Sparren insg. 12 cm	0,29
Kellerdecken	Betondecke mit 2 cm Trittschalldämmung	1,0	Zusätzliche Dämmung 6 cm	0,37
Fenster	Einfachverglasung Holzrahmen	5,0		
Fenster	2-Scheiben-Isolierverglasung Kunststoffrahmen	3,0		
Fenster	2-Scheiben-Wärmeschutzverglasung Holzrahmen	1,6		
Fenster	3-Scheiben-Wärmeschutzverglasung verbesserter Holzrahmen	1,2		

Abb. 1: Beispiele für U-Werte für verschiedene Bauteile und -arten sowie beispielhaft Möglichkeiten zur Verbesserung des U-Werts.

* Die Wärmeleitgruppe informiert darüber, wie ein Dämmstoff einen Wärmestrom leitet. Er ist Bestandteil der Produktbeschreibung. Je kleiner der Wert, desto besser.

„Die Reduzierung der Heizwärme ist entscheidend für die Energiewende im Gebäudesektor."

CHRISTIAN HANDWERK ist Fachreferent im Team Bauen und Wohnen der Verbraucherzentrale NRW.

Welche Maßnahmen zur Verbesserung der baulichen Hülle sind im Bestand sinnvoll?
Fürs Klima sind alle energetischen Verbesserungen der Hülle sinnvoll. Mit dem Blick aufs eigene Portemonnaie kann man sagen, dass abgesehen von den Fenstern und Türen energetische Verbesserungen dann Sinn haben, wenn die Bauteile bisher ungedämmt sind. Sind also das Dach, die Kellerdecke oder die Außenwand noch nicht „eingepackt", dann kann man an diesen Stellen durch Sanierungen Geld sparen.

Je besser und energieeffizienter die Gebäudehülle ist, umso weniger Heizenergie wird gebraucht. Müssen wir in Zukunft gar nicht mehr heizen?
Das wäre ideal. Ein Passivhaus funktioniert ja, wenn es als Neubau entsprechend konzipiert wurde. Aber nicht jeder Altbau ist mit sinnvollem Kostenaufwand zum Passivhaus sanierbar, deshalb werden wir weiter auch beheizte Gebäude haben. Die Energie wird zukünftig zwar grün, aber auch knapp werden. Deshalb ist die Reduzierung der Heizwärme entscheidend für die Energiewende im Gebäudesektor.

Wie gestaltet sich die Kostenentwicklung bei der Verbesserung der baulichen Hülle?
Im Schnitt sind die Baukosten allgemein etwa bis Ende 2022 gestiegen, seitdem verbleiben sie auf hohem Niveau. Je nach Maßnahme und Material gibt es da auch Unterschiede. Trotzdem lohnen sich energetische Aufwertungen nach wie vor, nicht zuletzt weil die Energiepreise auch gestiegen sind. Finanziell kommt dann noch obendrauf, dass durch eine energetische Sanierung der Wert der Immobilie steigt.

GUT ZU WISSEN

Fachplaner helfen

Die Tabellen, zu denen die Fachplaner Zugang haben, sind sehr umfangreich und geben für alle möglichen Bauteile die entsprechenden U-Werte an. Sind spezielle Konstruktionen dort nicht aufgeführt, können die Planer diese mithilfe von Softwareprogrammen individuell berechnen. Die Fachinformationen zeigen zudem eine Vielzahl von Möglichkeiten zur Reduzierung der Heizenergie auf. Damit kann Ihnen der Planer verschiedene Vorschläge für eine flexible Gestaltung der energetischen Sanierung machen.

Heizlastberechnung

Wenn eine Wärmepumpe zum Einsatz kommen soll, muss immer die energetische Qualität des Gebäudes untersucht werden. Dabei wird ermittelt, wie viel Heizenergie und damit wie viel Heizlast (Heizleistung) benötigt wird, um das Haus zu temperieren. Die genaue und sicherste Ermittlung der Heizlast erfolgt mit einer Berechnung nach DIN 12 831. Diese Berechnung können Sie von Energieberatern und Fachplanern durchführen lassen. Bei Neubauten ist dies im Gebäudeenergiegesetz (GEG) vorgeschrieben.

Die Heizlast muss sowohl für alle einzelnen Räume als auch für das Gesamtgebäude berechnet werden. Sie wird benötigt für:

- die Berechnung und die Auswahl von Heizflächen
- die Festlegung der Systemtemperaturen
- die Festlegung der Betriebsweise
- die Dimensionierung des Wärmeerzeugers
- die Dimensionierung von Anlagenkomponenten
- die Berechnung des hydraulischen Abgleichs

Die Norm DIN 12831 beschreibt ein Berechnungsverfahren zur Ermittlung der Wärmezufuhr, die unter den dort beschriebenen Bedingungen benötigt wird, um sicherzustellen, dass die erforderliche Norminnentemperatur in den Nutzräumen der Gebäude erreicht wird. Für die meisten Räume im Wohnhaus (Wohnzimmer, Küche, Esszimmer, WC, Kinderzimmer, Schlafzimmer) wird in der Norm eine Norminnentemperatur von 20 Grad Celsius vorgeschlagen. Davon kann selbstverständlich auch abgewichen werden, denn jeder Mensch hat ein anderes Temperaturempfinden. Die einen empfinden eine Raumtemperatur von beispielsweise 22 Grad Celsius nur mit Pullover als angenehm, andere empfinden dies als

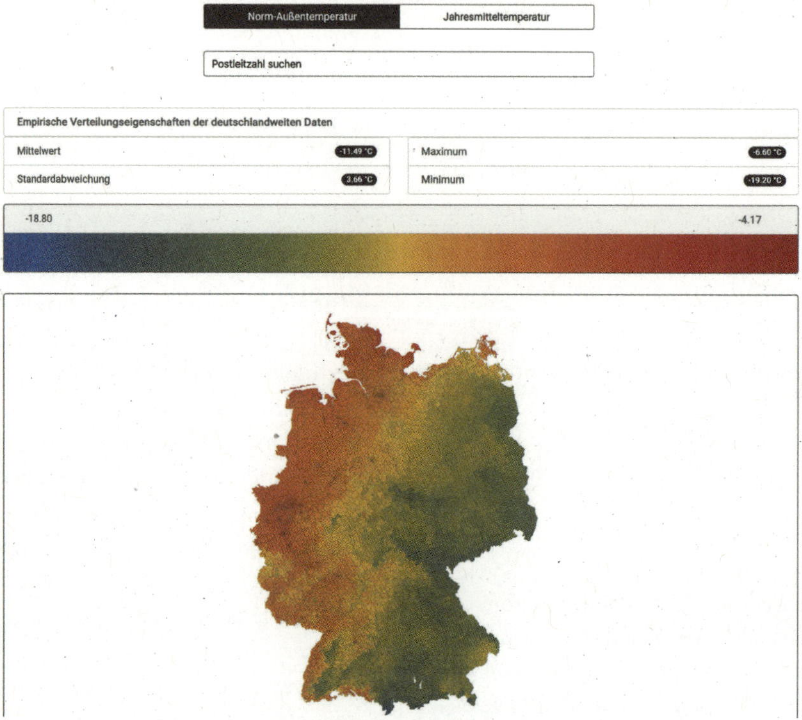

Abb. 2: Die Normaußentemperatur lässt sich für alle Orte in Deutschland ermitteln.

HINTERGRUND

Behaglichkeitsnorm

Im Rahmen der sogenannten Behaglichkeitsnorm, der ISO-Norm 7730, wurde die optimale Raumtemperatur für verschiedene Räume differenzierter festgelegt:

- Wohn- und Arbeitsräume: 20 bis 22 Grad Celsius
- Kinderzimmer: 20 bis 22 Grad Celsius
- Schlafzimmer: 16 bis 18 Grad Celsius
- Küche: 18 bis 20 Grad Celsius
- Bad: 24 bis 26 Grad Celsius
- Unbeheizter Keller: 10 bis 15 Grad Celsius

viel zu warm und sitzen im T-Shirt da. Im Rahmen der Planung sollten Sie als Bauherrin oder Bauherr Ihre Wünsche bezüglich der Innentemperatur äußern und der Planer sollte diese schriftlich dokumentieren.

Für die Berechnung der Heizlast benötigen Sie zudem die Normaußentemperatur und Jahresmitteltemperatur für Ihren konkreten Standort. Dazu gibt es für alle Orte in Deutschland festgelegte Werte, die Sie unter

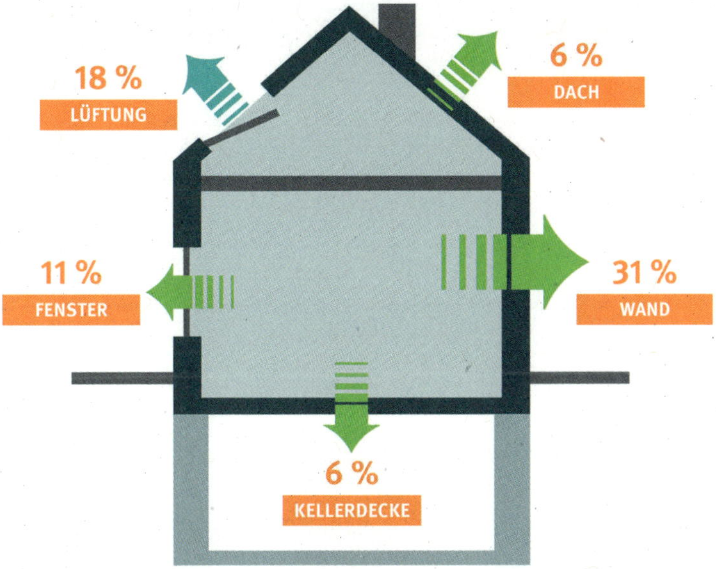

Abb. 3: Darstellung der durchschnittlichen Energieverluste eines Gebäudes, wenn die Außentemperatur geringer ist als die Innentemperatur.

www.waermepumpe.de/normen-technik/klimakarte/ finden (→ Abb. 2). Beispielsweise liegt die Normaußentemperatur für 30559 Hannover bei -10,8 Grad Celsius und die Jahresmitteltemperatur bei 10,1 Grad Celsius.

Jedes Gebäude verliert Wärme durch Transmission, wenn die Außentemperaturen geringer sind als die Innentemperaturen. Abbildung 3 zeigt, an welchen Stellen der Gebäudehülle Wärmeverluste auftreten. Es gibt Transmissionswärmeverluste durch Wärmeverluste an die äußere Umgebung (über Außenwände, Dach, Fenster, Türen), Wärmeverluste durch unbeheizte Nachbarräume, Wärmeverluste an das Erdreich und es gibt einen Wärmefluss zwischen beheizten Zonen unterschiedlicher Temperatur.

Weiterhin gibt es Lüftungswärmeverluste zum Beispiel durch manuelles Öffnen der Fenster oder durch Undichtigkeiten.

Um die gewünschte Innentemperatur zu halten, muss gegen die Summe aller Wärmeverluste geheizt werden.

Wenn Sie nur grob abschätzen möchten, wie hoch die Heizlast Ihres Bestandsgebäudes ist, können Sie eine Formel zu Hilfe nehmen, für die folgende Werte herangezogen werden:

Heizwärmebedarf: Menge an Wärmeenergie, die nötig ist, um das Gebäude auf eine bestimmte Temperatur zu heizen.

Jahresnutzungsgrad: der tatsächliche Wirkungsgrad einer Heizungsanlage während eines Betriebsjahres. Er wird an einer bestehenden Heizungsanlage gemessen und berücksichtigt sowohl die verschiedenen Betriebszustände als auch sämtliche Be-

BEISPIEL

Heizlastberechnung

Anhand eines 30 Jahre alten fiktiven Wohngebäudes in 30559 Hannover werden die Ergebnisse der Heizlastberechnung nach DIN 12831 gezeigt.

- Anzahl Geschosse: 2
- Grundfläche: 117 Quadratmeter
- Anzahl Zimmer: 9 Zimmer, 1 Badezimmer, Flure
- beheizte Wohnfläche: 180 Quadratmeter
- Anzahl Bewohner: 4
- bisheriger Heizölverbrauch: 2.300 Liter pro Jahr

Zunächst werden die Innentemperaturen für jeden Raum festgelegt. In unserem Beispiel sollen sie in allen Zimmern 20 Grad Celsius betragen – bis auf das Badezimmer, das 24 Grad Celsius haben soll. Für alle Räume werden zudem die U-Werte der umschließenden Bauteile zu Räumen mit geringeren Temperaturen, erdberührenden Bauteilen oder Außenbauteilen berechnet (→ Seite 107).

Anhand der festgelegten Innentemperaturen sowie der Normaußentemperatur (hier: -10,8 °C) werden für jeden Raum die Heizlasten berechnet und aufsummiert. Dazu kommen Lüftungsverluste von rund 15 Prozent.

In dem Beispiel ergeben sich für das Gebäude Transmissionswärmeverluste von 4.980 Watt und Lüftungsverluste von 720 Watt. Das ergibt eine Normgebäudeheizlast von 5.700 Watt oder 31,7 Watt pro Quadratmeter und Jahr (5.700 Watt : 180 Quadratmeter).

Die Fenster und Außentüren haben in unserem Beispiel mit 45 Prozent den größten Transmissionsverlust, gefolgt von den Außenwänden (24 Prozent), dem Dach (17 Prozent) und den Decken/Böden zu unbeheizten Räumen (9 Prozent). Zu der Normgebäudeheizlast kommen zur Wärmepumpen-Auslegung noch die Zusatzleistung durch Sperrzeiten des Energieversorgers sowie die Warmwasserbereitung hinzu. Insgesamt ergibt sich eine notwendige Wärmepumpen-Heizleistung von etwa 7,0 Kilowatt.

triebsverluste dieser einen Anlage. Je älter die Anlage, umso kleiner der Jahresnutzungsgrad.

Vollbenutzungsstunden: beschreibt die Anzahl der Stunden pro Jahr, die ein Wärmeerzeuger laufen würde, um die gesamte

Wärmemenge mit Volllast zu erzeugen (→ Seite 84).

Die Formel zur groben Berechnung der Heizlast lautet:

Heizlast

=

Heizwärmebedarf pro Jahr x Jahresnutzungsgrad : Vollbenutzungsstunden

Mit 1 Liter Heizöl können rund 10 Kilowattstunden Wärmeenergie erzeugt werden. Für das oben genannte Beispiel bedeutet dies, dass 2.300 Liter Heizöl einem Heizwärmebedarf von 23.000 Kilowattstunden / Jahr entsprechen. Der Jahresnutzungsgrad einer 30 Jahre alten Ölheizung beträgt rund 80 Prozent. Die Vollbenutzungsstunden für ein Haus aus den 1970er-Jahren mit zentraler Warmwassererzeugung betragen 2.400 Stunden pro Jahr, also ergibt sich folgende Heizlast: 23.000 Kilowattstunden / Jahr x 0,80 : 2.400 Stunden = 7,7 Kilowatt. Diese grob ermittelte Heizlast in Höhe von 7,7 Kilowatt entspricht näherungsweise dem nach DIN 12831 ermittelten Wert von 7,0 Kilowatt. Das zeigt, dass eine solche überschlägige Rechnung für die Berechnung der Heizlast geeignet ist.

Mithilfe der Angaben in Abbildung 4 können Sie in etwa abschätzen, wie hoch die Heizlast Ihrer derzeit vorhandenen Heizungsanlage in einem Bestandsgebäude ist.

HEIZUNGSART	ALTER: 10 JAHRE		ALTER: 20 JAHRE		ALTER: 30 JAHRE	
	JNgrad	VNStd	JNgrad	VLStd	JNgrad	VNStd
Ölheizung	90 %	1.600 h	85 %	1.900 h	80 %	2.000 h
Gasheizung	95 %	1.600 h	90 %	1.900 h	85 %	2.000 h
Pelletheizung	80 %	1.600 h	75 %	1.900 h	–	–
Ölheizung mit WW	90 %	2.000 h	85 %	2.300 h	80 %	2.400 h
Gasheizung mit WW	95 %	2.000 h	90 %	2.300 h	85 %	2.400 h
Pelletheizung mit WW	80 %	2.000 h	75 %	2.300 h	–	–

Abb. 4: Grob abgeschätzte Werte des Jahresnutzungsgrads (JNgrad) und der Vollbenutzungsstunden (VNStd) für verschiedene Heizungsarten mit und ohne Warmwasserbereitung (WW).

Ist die Heizlast bekannt, kann der Fachhandwerker Anzahl und Größe der Heizkörper oder der Flächenheizung bestimmen. Dabei geht er wie folgt vor:

Bei **Heizkörpern** betragen die Auslegungstemperaturen meist 55 Grad Celsius für den Vorlauf und 45 Grad Celsius für den Rücklauf. Für jeden Raum ermittelt der Fachmann oder die Fachfrau gemäß der Raumheizlast die notwendige Anzahl und Größe der Heizkörper. Da die Heizkörper genormte Größen haben, ist die Summe der Gesamtleistung der vorgeschlagenen Heizkörper meist größer als die ermittelte Gesamtheizlast. In dem Beispiel (→ Seite 114) ergeben sich 14 Heizkörper mit einer Gesamtleistung von 7.430 Watt, die in ihrer jeweiligen Größe an die räumlichen Gegebenheiten angepasst werden.

Bei **Flächenheizungen** betragen die Auslegungstemperaturen für den Vorlauf meist 35 Grad Celsius und für den Rücklauf circa 27 Grad Celsius. Für jeden Raum werden auf Grundlage der berechneten Heizlasten die Anzahl der Heizkreise, die notwendige Heizrohrlänge und der Verlegeabstand der Rohre ermittelt. Auch hier wird eher eine Überdeckung der installierten Wärmeleistung geplant.

Auf Grundlage der Raumheizlasten werden außerdem die Ventileinstellungen der Heizkörper oder der Flächenheizung und damit der Wasserdurchfluss in jedem Heizkörper oder jeder Heizfläche für den hydraulischen Abgleich (→ Seite 137) ermittelt, um eine optimale und effiziente Wärmeverteilung im Haus zu erhalten.

Wie hoch muss die Leistung sein?

Die Auslegung der Wärmepumpe erfolgt nach VDI 4645 und wird durch ein Fachunternehmen durchgeführt. Die erforderliche Leistung der Wärmepumpe ergibt sich aus der Heizlast des Gebäudes plus der Leistung für die Warmwassererwärmung und gegebenenfalls plus weiterer Sonderleistungen (zum Beispiel für ein Schwimmbad oder einen beheizten Fischteich).

Für die Warmwasserbereitung kann man annehmen, dass pro Person 200 Watt benötigt werden. Sollten Sie besonders große Duschköpfe, eine Dusche mit mehreren Duschköpfen oder eine Badewanne für Ihr Bad planen, kann sich dieser Richtwert erhöhen.

Es gilt also:

Leistung Wärmepumpe

=

Heizlast des Gebäudes +
Warmwassererwärmung +
Sonderleistungen

Diese Leistung muss die Wärmepumpe über 24 Stunden liefern. Gibt es Abschaltzeiten (Sperrzeiten) durch den Netzbetreiber (→ Seite 77), muss diese Zeit um die Abschaltzeiten verkürzt werden. Beispiel: Wird durch den Netzbetreiber die Wärmepumpe zweimal am Tag für zwei Stunden abgeschaltet, muss die Wärmepumpe die notwendige Leistung in 20 statt in 24 Stunden liefern. Also wird die Wärmepumpe eine etwas größere Leistung haben müssen. Der Faktor für die Sperrzeiten beträgt also in diesem Fall 24 / 20 = 1,2.

Die Formel für die Leistung der Wärmepumpe lautet dann so:

Leistung Wärmepumpe

=

(Heizlast des Gebäudes + Warmwassererwärmung + Sonderleistungen) x Faktor für Sperrzeiten

Die Auslegung des Puffer- und Warmwasserspeichers erfolgt auch durch das Fachunternehmen nach den gewählten Anforderungen und den Vorgaben des Herstellers der Wärmepumpe. Für das Volumen des Heizungspufferspeichers sind dieses überschlägig 20 Liter Volumen pro Kilowatt Leistung der Wärmepumpe.

BEISPIEL

Leistung der Wärmepumpe

Für das oben genannte Beispiel errechnet sich die notwendige Leistung der Wärmepumpe wie folgt:

- → Normheizlast: 5.700 Watt pro Jahr
- → Zusatzleistung für Warmwasserbereitung (vier Personen, 200 Watt pro Person): 800 Watt

Das ergibt eine Auslegungsheizleistung von 6.500 Watt oder 36 Watt/Quadratmeter und Jahr.
Eine Sonderleistung (zum Beispiel ein Schwimmbad) nehmen wir nicht an.
Wir gehen davon aus, dass beim Stromanbieter ein Wärmetarif gebucht wurde, der täglich ein mal zwei Stunden Abschaltzeit zur Folge hat. Daraus ergibt sich der Sperrzeiten-Faktor 1,09.
Die Wärmepumpe sollte also in diesem Beispiel eine Leistung von 6.500 Watt x 1,09 = 7.085 Watt haben oder 39 Watt/Quadratmeter und Jahr.

Der sinnvolle Einsatz einer Wärmepumpe ist eng mit der energetischen Qualität des Gebäudes verknüpft: je geringer die Heizlast je Quadratmeter, umso größer die Eignung für eine Wärmepumpe. Zusätzlich ist die maximale Höhe der Vorlauftemperatur für die Ef-

<50 Watt/m^2 a	>50 <80 W/m^2 a	>80 <150 W/m^2 a	>150 W/m^2 a
sehr gut	**gut**	**befriedigend**	**nicht geeignet**

Abb. 5: Einschätzung, bei welchen Heizlastwerten in Watt/Quadratmeter und Jahr der Einsatz einer Wärmepumpe sinnvoll ist.

fizienz der Heizungsanlage entscheidend (→ Seite 88). Das obige Bandtacho (Abb. 5) hilft Ihnen bei der Einschätzung, bei welchen Heizlastwerten der Einsatz einer Wärmepumpe sinnvoll ist.

Das Beispielgebäude ist also gemäß Abbildung 5 sehr gut für den Einsatz einer Wärmepumpe geeignet.

Stellt sich bei den Berechnungen der Fachleute heraus, dass für Ihr Bestandsgebäude die Heizlast für den Einsatz einer Wärmepumpe zu hoch ist, können Sie durch gezieltes Sanieren (z. B. Austausch der Fenster und/oder Türen oder eine Wandisolierung) die Heizlast reduzieren.

Auslegung der Wärmequelle

Die Auslegung der Wärmequelle bei einer **Sole-Wasser-Wärmepumpe** erfolgt nach VDI 4640 und wird meist durch das Bohrun-

GUT ZU WISSEN

Anlage nicht zu groß planen!

Früher wurde bei der Auswahl des passenden Wärmeerzeugers oft ein größeres Modell ausgewählt mit dem Argument, dass es damit auch bei kalten Außentemperaturen im Haus warm genug wird. Da in der Heizlastberechnung auch die entsprechenden kalten Außentemperaturen berücksichtigt werden, ist dieses Argument falsch. Vielmehr führt eine zu große Leistung der Wärmepumpe dazu, dass diese oft startet, aber dann nur wenige Minuten läuft. Dieses häufige Starten, auch „Takten“ genannt, führt zu einem höheren Verschleiß und einem höheren Energieverbrauch.
Mittlerweile gibt es modulierende, das heißt leistungsgeregelte Wärmepumpen, die die Heizleistung an den Wärmebedarf eines Gebäudes anpassen. Dadurch kann die Wärmepumpe effizienter arbeiten und sich optimal an unterschiedliche Außentemperaturen anpassen. Dennoch sollte die Leistung der Wärmepumpe sich an der Heizlastberechnung orientieren und nicht überdimensioniert sein.

„Die Hersteller sind allesamt dabei, die Installation ihrer Wärmepumpen einfacher und schneller und damit kostengünstiger zu gestalten.“

FRANK BÖRSCH ist Geschäftsführer des Handwerksunternehmens air-contherm Wärmepumpenfachbetrieb. Er ist Mitglied im Vorstand des Bundesverbandes Wärmepumpe e. V. in der Funktion Leiter des Beirats Handwerk.

Gibt es genügend Handwerker, um die Nachfrage nach Wärmepumpen zu befriedigen?

Handwerker, die sehr viel Erfahrung bei der Installation von Wärmepumpen haben, gibt es momentan noch nicht genug. Derzeit werden viele Weiterbildungsmaßnahmen im Bereich Wärmepumpen angeboten. Diese sind stark nachgefragt. Die Zahl der Handwerker mit Spezialisierung für Wärmepumpen steigt. Die Handwerksverbände prognostizieren, dass bald genügend qualifizierte Handwerker vorhanden sein werden.

Welche Qualifikationen muss ein Handwerksunternehmen haben, um fachgerecht Wärmepumpen einzubauen?

Zum einen ist es notwendig, dass ein Handwerksunternehmen einen ausgebildeten Handwerksmeister hat. Die Mitarbeiter sollten regelmäßige Schulungen und Weiterbildungen absolvieren, um effiziente Wärmepumpenanlagen bauen zu können.

Ist die Zusammenarbeit verschiedener Gewerke (Sanitär-Heizung-Klima (SHK), Elektrohandwerk, gegebenenfalls Bohrunternehmen) eingespielt oder komplizierter als bei anderen Heizsystemen?

Da am Einbau einer Wärmepumpe mehrere Gewerke beteiligt sind, ist der Koordinationsaufwand etwas größer als bei konventionellen Heizungen. In der Praxis hat sich die Zusammenarbeit aber eingespielt.

Was können die Hersteller von Wärmepumpen tun, damit Wärmepumpen einfacher und schneller installiert werden können?

Die Hersteller könnten mehr vorgefertigte Einheiten entwickeln, die alle erforderlichen Komponenten für die Installation enthalten. Die Hersteller sind allesamt dabei, die Installation ihrer Wärmepumpen einfacher und schneller und damit kostengünstiger zu gestalten.

ternehmen durchgeführt. Hierzu wird die sogenannte **Kälteleistung** benötigt. Die Kälteleistung ist die Wärmemenge, die aus dem Erdreich als Entzugsleistung durch die Wärmepumpe aufgenommen werden muss. Die Kälteleistung ist den Herstellerangaben der Wärmepumpe zu entnehmen. Eine überschlägige Auslegung der Entzugsleistung der Wärmequelle kann über Tabellenwerte und Berechnungssoftware, auf die das Fachunternehmen Zugriff hat, erfolgen.

Beim **Erdkollektor** als Wärmequelle können Sie grob mit einer Entzugsleistung von 8 Watt/Quadratmeter bei einem trockenen, nicht bindigen Boden (zum Beispiel Sand oder Kies), 16 bis 24 Watt/Quadratmeter bei einem bindigen feuchten Boden (zum Beispiel Lehm oder Ton) und 32 Watt/Quadratmeter bei einem wassergesättigten Sand oder Kies bei einer Laufzeit der Wärmepumpe von 2.400 Stunden pro Jahr rechnen.

Zur groben Abschätzung der notwendigen Fläche für den Flächenkollektor, die im Garten zur Verfügung stehen muss, können Sie sich an folgendem Richtwert orientieren: Als Kollektorfläche wird circa die 1,5- bis 2-fache Fläche der beheizten Wohnfläche benötigt. Verlängert sich die Laufzeit der

BEISPIEL

Berechnung der Größe eines Erdkollektors

Bei unserem oben genannten Beispielgebäude in Hannover können wir die Größe des Erdkollektors wie folgt bestimmen: Der Boden ist dort ein feuchter, bindiger Boden mit einer spezifischen Entzugsleistung von 20 Watt pro Quadratmeter.
Bei einer Laufzeit der Wärmepumpe von 2.400 Stunden ist der Heizwärmebedarf 16.800 Kilowattstunden/Jahr (= 7 Kilowatt x 2.400 Stunden). Wir gehen von einer Wärmepumpe mit Jahresarbeitszahl 4 aus. Die Kälteleistung gemäß Herstellerangaben beträgt 5,85 Kilowatt. Bei einer Laufzeit von 2.400 Stunden müssen also 5,85 Kilowatt x 2.400 Stunden = 14.040 Kilowattstunden/Jahr der Erde entzogen werden. Bei einem Boden mit beispielsweise 20 Watt/Quadratmeter Entzugsleistung müssen jährlich 20 Watt/Quadratmeter x 2.400 Stunden = 48 Kilowattstunden/Quadratmeter Energie entzogen werden. Die Kollektorfläche für diese Anlage berechnet sich aus der Entzugsenergie 14.040 Kilowattstunden/Jahr geteilt durch 48 Kilowattstunden/Quadratmeter und beträgt in diesem Fall 293 Quadratmeter. Das entspricht einer Fläche von rund 17 mal 17 Metern.

Wärmepumpe, müssen Sie angepasste Entzugsleistungen verwenden, die zu einer größeren Kollektorfläche führen können. Auf jeden Fall ist Voraussetzung für die Wahl eines Erdkollektors als Wärmequelle, dass Ihr Garten groß genug für die notwendige Kollektorfläche sein muss. Diese Fläche muss freigelegt werden, damit in circa 1,2 Metern Tiefe die Rohre verlegt werden können. Die Fläche darf im Anschluss nicht versiegelt werden.

Der derzeitige Preis für die Verlegung eines Kollektors beträgt 40 bis 50 Euro/Quadratmeter. (Die Preisangabe ist eine grobe Schätzung; die Preise sind lokal sehr unterschiedlich.) Eine Kollektorfläche von 293 Quadratmetern würde also etwa 13.185 Euro kosten.

Bei einer **Erdwärmesonde** als Wärmequelle sieht es wie folgt aus: Bei 2.400 Stunden Laufzeit der Wärmepumpe pro Jahr und trockenem Boden beträgt die Entzugsleistung 20 Watt/Meter Sondenlänge. Bei Festgestein und wassergesättigtem Boden sind es 50 Watt/Meter Sondenlänge und bei Festgestein mit einer hohen Leitfähigkeit sind es 70 Watt/Meter Sondenlänge.

Für unser Beispielgebäude in Hannover berechnen wir nun die notwendige Bohrtiefe für die Sonde. Auch hier wird die Kälteleistung ermittelt. Wir gehen wieder von einer Jahresarbeitszahl von 4 aus. Wir nehmen eine Entzugsleistung von 50 Watt/Meter Sondenlänge an. Bei einer jährlichen Laufzeit von 2.400 Stunden beträgt die jährliche Entzugsleistung 50 Watt/Meter Sondenlänge x 2.400 Stunden = 120 Kilowattstunden/Meter. Um jährlich 14.040 Kilowattstunden Entzugsenergie entnehmen zu können, wird bei dem angenommenen Boden eine Sondenlänge von 14.040 Kilowattstunden/120 Kilowattstunden/Meter Sondenlänge = 117 Meter benötigt.

Fachplaner und Bohrunternehmen kennen die Bodenbeschaffenheit und können die notwendige Bohrtiefe genau ermitteln. Sie wissen auch, ob gegebenenfalls noch eine weitere Bohrung platziert werden muss. Um die Bohrung durchführen zu können, braucht das Bohrunternehmen mit seinem Bohrgerät Zugang zum Garten und zur ausgewählten Stelle der Bohrung.

Die derzeitigen Kosten für eine Bohrung betragen circa 200 Euro/Meter. Eine Bohrung von 117 Metern würde also etwa 23.400 Euro kosten. Auch hier sind die Preisangaben nur eine grobe Schätzung. Die Preise können von Ort zu Ort stark variieren.

Zur Auslegung der **Wärmequelle Luft** für eine Luft-Wasser-Wärmepumpe ist keine detaillierte Dimensionierung und Auslegung der Wärmequelle notwendig, denn Luft steht ausreichend zur Verfügung. Wichtigstes Auslegungskriterium ist bei einer Luft-Wasser-Wärmepumpe die Beachtung der Schallemissionen (→ Seite 132). Es entstehen also keine Kosten, um die Wärmequelle Luft zu erschließen. Das macht eine Luft-Wasser-Wärmepumpe auf den ersten Blick zur attraktivsten Lösung. Doch können sich die hohen Erschließungskosten für eine Erdwärmesonde oder einen Erdkollektor dennoch rechnen. Die jährlichen Stromkosten bei der Wärmequelle Erdreich sind aufgrund der besseren Jahresarbeitszahl grundsätzlich niedriger.

Die Stromkosten für das Beispielgebäude mit einer Sole-Wasser-Wärmepumpe bei einer Jahresarbeitszahl von 4 betragen 1.344 Euro. Die Rechnung hierzu lautet:

16.800 kWh/a : 4 (JAZ)
= 4.200 kWh Jahresstromverbrauch
4.200 kWh x 32 ct/kWh
=
1.344 Euro

Die jährlichen Stromkosten einer Luft-Wasser-Wärmepumpe mit einer Jahresarbeitszahl von 3 betragen 1.792 Euro. Die Rechnung hierzu lautet:

16.800 kWh/a : 3 (JAZ)
= 5.600 kWh Jahresstromverbrauch
5.600 kWh x 32 ct/kWh
=
1.792 Euro

Damit sind die Betriebskosten für diese Anlage um 448 Euro höher als bei einer erdgekoppelten Anlage.

Die Mehrkosten für die Investition in eine erdgekoppelte Anlage betragen circa 20.000 Euro. Dies würde einer Amortisationszeit von rund 45 Jahren entsprechen.

Die lange Amortisationszeit schreckt viele Interessentinnen und Interessenten ab. Erdgekoppelte Wärmepumpen haben aber durchaus Vorteile: Sie können auch zum Kühlen verwendet werden und bieten dadurch zusätzlichen Komfort. Die im Erdreich vergrabenen Komponenten sind gut geschützt. Dadurch ist diese Wärmequelle weniger anfällig für Beschädigungen. Erdgekoppelte Wärmepumpen sind effektiver als Luftwärmepumpen, dadurch wird bei Nutzung von Strom aus konventionellen Quellen weniger CO_2 emittiert. Außerdem weisen sie eine geringere Geräuschentwicklung als Luftwärmepumpen auf.

Die Nutzung der **Wärmequelle Grundwasser** setzt voraus, dass die Wasserqualität gut ist, dass ein hoher Grundwasserstand vorliegt, um nicht zu tief bohren zu müssen, und dass eine ausreichende Grundwassermenge nutzbar ist. Es sollten circa 250 Liter pro Kilowatt Wärmepumpenleistung und Stunde umgewälzt werden können. Um herauszufinden, ob diese Voraussetzungen auf Ihrem Grundstück gegeben sind, bedarf einer hydrologischen Voruntersuchung durch

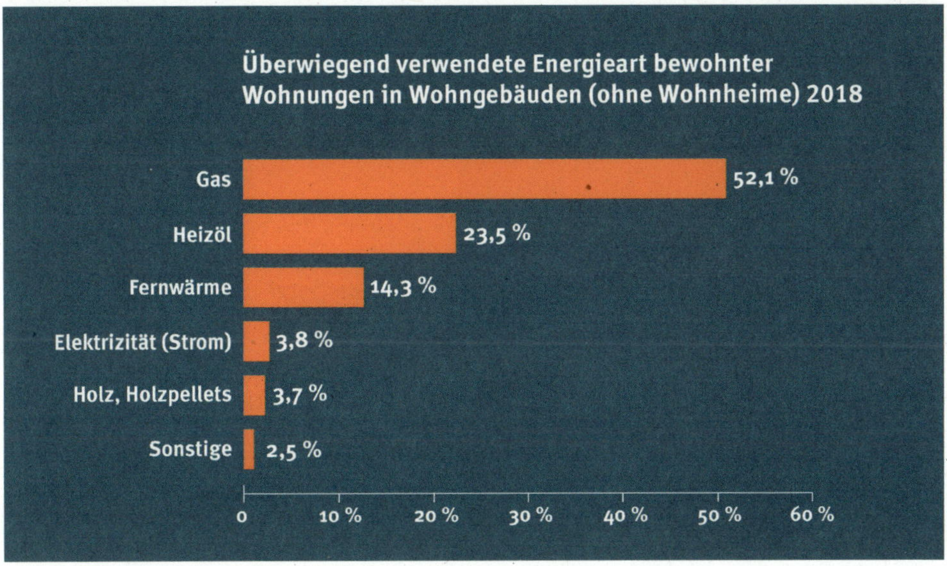

Abb. 6: Anteil der Energieträger, mit denen Heizungen betrieben werden.

eine Fachfirma. Vor allem ist die Wasserqualität wichtig. Zu viele Feststoffe, Eisen oder Mangan im Wasser führen zu Pumpenverschleiß und Verockerung.

Der Marktanteil von Wasser-Wasser-Wärmepumpen, die ja Grundwasser als Wärmequelle nutzen, ist in Deutschland sehr gering. Es sind circa 4.000 (eher größere) Anlagen installiert (Stand 2021). Dies sind nur etwa 1 Prozent der derzeit installierten Wärmepumpen.

Umrüstung auf eine Wärmepumpenheizung in Bestandsgebäuden

Im Jahr 2021 gab es in Deutschland 19,4 Millionen Wohngebäude. Im selben Jahr wurden in Deutschland circa 103.000 Wohngebäude neu gebaut. Der Anteil der installierten Wärmepumpen im Neubau betrug im Jahr 2021 50,6 Prozent; die Tendenz ist steigend. Im Neubau entwickelt sich die Wärmepumpe zur Standardheizung. Doch auch in Bestandsbauten steigt der Anteil der Wärmepumpen allmählich an, auch wenn Gas- und Ölheizungen sowie Fernwärme dort derzeit noch den größten Anteil ausmachen.

Soll der Anteil der Wärmepumpen auch im Bestand wachsen, liegt die Herausforderung in der Umrüstung von bestehenden Heizungen auf die Wärmepumpe. Hier stellt sich die Frage, ob und wie das möglich ist. Beispielhaft soll im Folgenden die Umrüstung einer Ölheizung, einer Gasheizung und einer Nachtspeicherheizung auf die Wärmepumpe betrachtet werden.

Umrüstung von einer Öl- oder Gasheizung auf eine Wärmepumpe

Wenn Sie eine Öl- oder Gasheizung haben und auf eine Wärmepumpe umsteigen wollen – sei es, weil die alte Heizung nach 30 Jahren sowieso ausgetauscht werden muss oder weil Sie auf eine zukunftsfähige Heizung umsteigen möchten –, sollten Sie einige Punkte bedenken und umsetzen (Checkliste → Seite 125).

Ein konkretes Beispiel für den Umstieg von Ölheizung auf Wärmepumpe: Ehepaar B. bewohnt zu zweit ein allein liegendes Einfamilienhaus, das mit einer circa 15 Jahre alten Ölheizung einschließlich einem 150 Liter großen Warmwasserspeicher ausgerüstet ist. Die Eheleute B. ärgern sich über die hohen Ölpreise und machen sich außerdem Gedanken darüber, wie sie ihren Enkelkindern eine möglichst intakte Umwelt hinterlassen können. Sie überlegen deshalb, die Ölheizung durch eine Wärmepumpe zu ersetzen und einen möglichst hohen Anteil des benötigten Stroms selbst mit einer Photovoltaikanlage zu produzieren. Da Frau und Herr B. zudem in näherer Zukunft die Anschaffung eines Elektroautos planen, soll auch jetzt schon ein entsprechender Stromanschluss für die Ladestation des Elektroautos installiert werden.

Die beiden holen den Rat einer Energieberatung ein. Diese zeigt auf, wo es Schwachpunkte in der Gebäudehülle gibt und welche Maßnahmen den Energieverbrauch senken können. Das Gebäude ist aus dem Baujahr 1920, wurde 1980 saniert und hat eine beheizte Wohnfläche von 125 Quadratmetern. Der bisherige Ölverbrauch lag bei rund 2.000 bis 2.300 Litern pro Jahr. Da das Gebäude bereits eine Wärmedämmung sowohl an den Außenwänden als auch im Dach besitzt, empfiehlt die Energieberatung einige kleinere Einzelmaßnahmen wie die Dämmung der Klappe zum Dachboden, das Aufbringen einer weiteren Lage Dämmstoff auf den Boden des nicht ausgebauten Dachbodens, das Einstellen der Fenster und den Austausch der Fensterdichtlippen. Die Eingangstür ist aus energetischer Sicht ein Schwachpunkt, da aber der direkt angrenzende Flur mit Türen zu den Wohnräumen abgegrenzt werden kann, wird die Tür erst zu einem späteren Zeitpunkt ausgetauscht.

Der Energiebedarf zum Heizen und für die Warmwasserproduktion liegt bei rund 20.000 Kilowattstunden/Jahr, was bei rund 2.000 Vollbenutzungsstunden einer Heizlast von rund 10 Kilowatt entspricht. Im Erdgeschoss ist in allen Räumen eine Fußbodenheizung, in der oberen Etage sind Heizkörper vorhanden. Die Heizkörper waren bis vor Kurzem auf eine maximale Vorlauftemperatur von 55 Grad Celsius ausgelegt. Durch Anpassung der Heizkurve über zwei Heizperioden konnte festgestellt werden, dass eine

CHECKLISTE

Ihr Weg zur Umrüstung von einer Öl- oder Gasheizung auf eine Wärmepumpe

- ☐ Energieberater einschalten
- ☐ Fachplaner einschalten
- ☐ Heizlastermittlung durchführen
- ☐ Klären, ob Wärmepumpenanlage sinnvoll ist
- ☐ Klären, ob vor Einbau der neuen Anlage Dämmmaßnahmen (Fenster, Türen, Wände, Dach) notwendig sind
- ☐ Art der Wärmequelle auswählen
- ☐ Prüfen, ob Solarenergie eingebunden werden kann
- ☐ Fördermöglichkeiten prüfen und gegebenenfalls Förderanträge stellen
- ☐ Das Wärmeverteilsystem sollte möglichst mit Niedertemperaturen arbeiten
- ☐ Aufstellort bestimmen. Dabei ist auf den Schallschutz zu achten
- ☐ Mehrere Angebote für die Wärmepumpenanlage sowie für den Rückbau und die Entsorgung der alten Heizung von Fachfirmen einholen
- ☐ Zeitplan für die Umrüstung erarbeiten; Umbau sollte vor der Heizperiode umgesetzt werden
- ☐ Geeignetes Fachunternehmen beauftragen

Im Fall eines Wechsels von Ölheizung auf Wärmepumpe:

- ☐ Die Ölheizung und der Öltank müssen zurückgebaut und entsorgt werden; damit wird Platz zum Beispiel für die Wärmepumpe oder für weiteren Stauraum gewonnen

Im Fall eines Wechsels von Gasheizung auf Wärmepumpe:

- ☐ Gasliefervertrag kündigen
- ☐ Gasheizung zurückbauen lassen
- ☐ Gasanschluss verschließen lassen

Die folgenden Punkte sind beim Umstieg von Öl- und Gasheizungen auf Wärmepumpe zu beachten:

- ☐ Schornsteinfeger-Beauftragung abmelden
- ☐ Der Schornstein muss geschlossen werden
- ☐ Wärmepumpe beim Stromnetzbetreiber anmelden
- ☐ Stromliefervertrag abschließen
- ☐ Inbetriebnahme der Anlage

Vorlauftemperatur von maximal 50 Grad Celsius ausreichend ist.

Bei einer weiteren Beratung durch ein Fachunternehmen wird geklärt, dass eine Wärmepumpe in diesem Gebäude sinnvoll einsetzbar ist. Nun gilt es, in einem weiteren Schritt zu überlegen, welche Wärmequelle genutzt werden kann und ob eine Photovoltaikanlage eine sinnvolle Ergänzung ist. Das Grundstück ist groß genug, sodass eine Luft-Wasser-Wärmepumpe hinter dem Gebäude aufgestellt werden könnte, alternativ könnte die Wärmepumpe innen im derzeitigen Heizöltankraum untergebracht werden, weil dort eine Außenwand vorhanden ist. Da der Herr B. bereits in einem anderen Gebäude Erdwärme nutzt, ist es sein Wunsch, auch in diesem Gebäude Erdwärme zu nutzen. Und da er im anderen Haus auch eine solarthermische Anlage nutzt, liegt es nahe, über PVT-Module, also Hybridmodule für Solarthermie und Photovoltaik, nachzudenken, die sowohl als Wärmequelle für eine Sole-Wasser-Wärmepumpe dienen als auch Strom für den Betrieb der Wärmepumpe produzieren können. Da die Dachfläche auf dem Wohngebäude durch ein anderes Haus verschattet wird, kommt ein an das Gebäude angebauter, lang gezogener Garagenschuppen mit einer großen nach Süden ausgerichteten Dachfläche infrage. Das Fachunternehmen hat nach der Berechnung der Heizlast und der Auslegung der Wärmepumpe nun auch die Berechnung der notwendigen Größe der PVT-Anlage vorgenommen. Die vorhandenen Dachflächen sind mit rund 88 Quadratmeter groß genug, die notwendige Heizleistung von 10 Kilowatt für die Wärmepumpe bereitzustellen. Da 1 Quadratmeter PVT-Modul circa 0,4 Kilowatt entsprechen, sollten mindestens 25 Quadratmeter mit PVT-Modulen belegt werden. Die noch freie Dachfläche könnte mit normalen Photovoltaikmodulen belegt werden.

Dieses Beispiel zeigt die typische Vorgehensweise bei der Umrüstung auf eine Wärmepumpe. Es zeigt aber auch, dass es neben Luft oder Erdreich bei der Auswahl der Wärmequelle andere Möglichkeiten gibt und wie individuelle Wünsche der Bauherren optimal berücksichtigt werden können.

Bei einem Jahresheizwärmebedarf von 20.000 Kilowattstunden und einer Jahresarbeitszahl von 3,8 beträgt der Stromverbrauch 5.263 Kilowattstunden / Jahr. Dies entspricht jährlichen Stromkosten in Höhe von 1.684 Euro.

Umrüstung von einer Nachtspeicherheizung auf eine Wärmepumpe
Wenn Sie in Ihrem Bestandsgebäude eine Nachtspeicherheizung haben und auf eine Wärmepumpe umsteigen wollen, sollten Sie folgende Punkte bedenken und umsetzen:

CHECKLISTE

Ihr Weg zur Umrüstung von einer Nachtspeicherheizung auf eine Wärmepumpe

- ☐ Energieberater einschalten
- ☐ Fachplaner einschalten
- ☐ Heizlastermittlung durchführen
- ☐ Klären, ob Wärmepumpenanlage sinnvoll ist
- ☐ Klären, ob vor Einbau der neuen Anlage weitere Dämmmaßnahmen (Fenster, Türen, Wände, Dach) notwendig sind
- ☐ Art der Wärmequelle auswählen
- ☐ Prüfen, ob Solarenergie eingebunden werden kann
- ☐ Fördermöglichkeiten prüfen und Förderanträge stellen
- ☐ Das Wärmeverteilsystem sollte möglichst mit Niedertemperaturen arbeiten (Beispiel → Seite 128)
- ☐ Aufstellort bestimmen. Dabei ist auf den Schallschutz zu achten
- ☐ Mehrere Angebote von Fachunternehmen für die Wärmepumpenanlage sowie für den Rückbau und die fachgerechte Entsorgung der Nachspeicherheizung einholen
- ☐ Zeitplan für die Umrüstung erarbeiten; Umbau sollte vor der Heizperiode umgesetzt werden
- ☐ Geeignetes Fachunternehmen beauftragen
- ☐ Nachtspeicherheizung muss zurückgebaut und fachgerecht entsorgt werden (ggf. Asbest-Problematik beachten)
- ☐ Das Wärmeverteilsystem muss neu aufgebaut werden
- ☐ Wärmepumpe beim Stromnetzbetreiber anmelden
- ☐ Stromliefervertrag abschließen
- ☐ Inbetriebnahme der Anlage

Es gibt noch viele Gebäude in Deutschland, die mit Nachtspeicherheizungen, der häufigsten Form einer elektrischen Widerstandsheizung (→ Seite 43), ausgestattet sind. Das Wort „Nachtspeicherheizungen" beschreibt eigentlich nur die Betriebsweise

BEISPIEL

Luft-Wasser-Wärmepumpe für ein 60er-Jahre-Haus

In dem hier beschriebenen Fall wurde ein Reihenendhaus aus den 1960er-Jahren mit rund 100 Quadratmeter Wohnfläche umgerüstet. Nach einer Energieberatung wurde deutlich, dass die Gebäudehülle ausreichend gedämmt ist, aber die Fenster einen großen Schwachpunkt darstellten. Die Bauherrin entschied, die Fenster auszutauschen.

Da keine wassergeführte Wärmeverteilung vorhanden war, galt es, zu überlegen, welche Wärmepumpe und welche Heizflächen infrage kommen. Es hätte beispielsweise die Möglichkeit bestanden, eine Luft-Luft-Wärmepumpe einzusetzen, bei der die Wärmeübertragung in den einzelnen Räumen mittels luftdurchströmter, innen liegender Wärmetauscher erfolgt. Diese raumweise installierten Geräte kennen Sie vermutlich eher von Klimaanlagen.

Da die Bauherrin die Innengeräte aber nicht sehr schön findet und die bewegte Luft eher als unangenehm empfindet, fiel die Wahl auf Wandheizungen. Durch den Einbau neuer Fenster und die Veränderung der Zuschnitte der Räume mussten ohnehin einige Wände neu verputzt werden, sodass hier und an weiteren Wänden die Rohrschlangen für die Wandheizung und die Verbindungsleitungen zur Inneneinheit der Wärmepumpe im Keller verlegt werden konnten. Die genaue Berechnung der Heizlast und die Auslegung der Wandheizung wurde durch ein Fachunternehmen durchgeführt.

Als Wärmequelle wählte die Bauherrin eine Luft-Wasser-Wärmepumpe in Außenaufstellung als Splitanlage aus. Die Heizlast liegt bei 8 Kilowatt und das Warmwasser wird weiterhin über einen Durchlauferhitzer erzeugt. Dieser wurde gegen einen elektronisch geregelten Durchlauferhitzer ausgetauscht, der effizienter arbeitet als die alte Gerätegeneration.

Bei der Installation der Außeneinheit der Wärmepumpe achtete die Fachfirma darauf, dass sie durch schalldämpfende Kunststoffsockel gut vom Boden entkoppelt ist (→ Abb. 7). Der Aufstellort wurde nach sorgfältiger Berechnung mittels Schallrechner ausgewählt.

Die Vorlauftemperatur für die Wandheizung liegt bei maximal 40 Grad Celsius und sorgt für eine sehr angenehme Raumwärme. Der Stromverbrauch für die Wärmepumpe liegt bei rund 3.200 bis 3.500 Kilowattstunden/Jahr und die Jahresarbeitszahl liegt bei 3,3 bis 3,5 – je nachdem, wie kalt und lang der Winter ist.

Abb. 7: Schalldämpfender Kunststoffsockel: eine schwarze, etwa 5 Zentimeter dicke Matte liegt auf mehreren Steinplatten.

dieses Heizungssystems, da es den günstigen Nachtstrom zur Beheizung eines Speichermediums nutzt und die Wärme über den Tag aus diesem Speichermedium abgegeben werden kann. Die Warmwassererzeugung erfolgt meistens dezentral, zum Beispiel über Durchlauferhitzer. Die meisten assoziieren mit „Nachtspeicherheizung" die sehr häufig vorhandenen voluminösen „Kästen", die in den einzelnen Räumen stehen und aus einem schweren Speicher aus Steinen und einer elektrischen Widerstandsheizung bestehen. Daneben gibt es auch Fußbodenheizungen mit im Estrich verlaufenden elektrischen Heizdrähten oder auch zentrale Nachtspeicherheizungen. Bei diesen befindet sich im Keller ein großer Wasserspeicher, der mittels Heizpatronen nachts aufgeheizt wird. Das letztgenannte Heizsystem lässt sich einfach auf den Betrieb mit einer Wärmepumpe umrüsten. In allen anderen Nachtspeichersystemen fehlt eine wassergeführte Wärmeverteilung wie zum Beispiel Heizkörper.

Den Stromverbrauch abschätzen

Haben Sie sich entschieden, welches Wärmepumpensystem installiert werden soll und wie die Trinkwassererwärmung gestaltet wird, kann der Energieberater oder die Energieberaterin anhand der Planung die Jahresarbeitszahl (JAZ) abschätzen. Diese ist zusammen mit dem Heizwärmebedarf für die Abschätzung des jährlichen Stromverbrauchs entscheidend.

Stromverbrauch

=

Heizwärmebedarf pro Jahr : JAZ

Der Heizwärmebedarf wiederum wird errechnet aus der Heizlast und den Vollbenutzungsstunden. Die ausführliche Formel für die Berechnung des jährlichen Stromverbrauchs lautet also folgendermaßen:

Stromverbrauch
(Kilowattstunden/Jahr)

=

Heizlast (Kilowatt) x
Vollbenutzungsstunden
(Stunden) : JAZ

Als Vollbenutzungsstunden wird die Zeit in Stunden bezeichnet, in der die Heizung in einem Jahr läuft. Im Winter läuft die Wärmepumpe meist acht bis zwölf Stunden pro Tag, im Sommer gar nicht oder nur für die Zeiten, in denen Warmwasser benötigt wird. Für ein Einfamilienhaus werden meist 2.100 Vollbenutzungsstunden angenommen. Für ein Bürohaus werden 1.700 Stunden und für eine Schule im einschichtigen Betrieb 1.100 Stunden abgeschätzt.

Der Heizwärmebedarf hängt vom Dämmstandard ab. Ein sehr gut gedämmtes Einfamilienhaus im Passivhausstandard, das mit einer Luft-Wasser-Wärmepumpe (JAZ 3,5) geheizt wird, hat einen Heizwärmebedarf von 15 Kilowattstunden/Quadratmeter/Jahr. Die notwendige Heizenergie bei 150 Quadratmetern beheizter Fläche beträgt 643 Kilowattstunden (15 Kilowattstunden/Quadratmeter x 150 Quadratmeter : JAZ 3,5). Bei einem Strompreis von 40 Cent / Kilowattstunde wären das Heizkosten in Höhe von 257 Euro pro Jahr inklusive Mehrwertsteuer zuzüglich Zählergebühr und Grundpreis. Für Warmwasserbereitung rechnet man zusätzlich 1,65 bis 2,2 Kilowattstunden / Tag und Person.

Bei einem Heizwärmebedarf von 150 Kilowattstunden/Quadratmeter/Jahr würde die Heizenergie bei 150 Quadratmetern pro Jahr 22.500 Kilowattstunden betragen. Eine Luftwärmepumpe mit einer JAZ von 3,5 würde 6.430 Kilowattstunden (= 2.570 Euro) verbrauchen. Eine erdgekoppelte Wärmepumpe mit einer JAZ von 4,5 würde in dem Beispiel 5.000 Kilowattstunden (= 2.000 Euro) pro Jahr verbrauchen. Auch hier kommen die Zählergebühr und der Grundpreis dazu.

→ **TIPP** **Balance zwischen Wohlfühltemperatur und Energiesparen finden**
Natürlich ist der Stromverbrauch auch abhängig vom Nutzerverhalten, also Ihrem individuellen Bedürfnis nach angenehmen Temperaturen im Haus. Daher ist die Abstimmung der für Sie angenehmen Rauminnentemperaturen schon in der Planung notwendig. Wer es wärmer haben will, braucht mehr Heizenergie und damit mehr Strom. Also gilt es, die richtige Balance zu finden für Ihr Wohlbefinden und den effizienten Umgang mit Energie.

Wie hoch sind die Investitionskosten?

Neben den Stromkosten für den Betrieb der Wärmepumpe sind in einer Wirtschaftlichkeitsbetrachtung auch die Investitionskosten entscheidend. Dazu gehören die Anschaffungskosten der Wärmepumpe, die Installationskosten sowie die Kosten für die

Erschließung der Wärmequelle. Ferner müssen Sie die jährlichen Kosten für den Wartungsservice einrechnen.

Die Anschaffungskosten der Wärmepumpe variieren je nach Anbieter und Größe der Anlage. Abbildung 8 zeigt pauschalisierte Werte für ein Einfamilienhaus.

WÄRMEPUMPENTYP	INVESTITIONSKOSTEN/€	JAZ	ANLAGE	INSTALL.	WÄRMEQUELLE	SPEICHER
Luft-Wasser-WP	23.000 bis 34.000	3,5	50 %	30 %	10 %	10 %
Sole-Wasser-WP	38.000 bis 47.000	4,0	35 %	20 %	35 %	10 %
Wasser-Wasser-WP	42.000 bis 55.000	4,5	30 %	25 %	35 %	10 %

Abb. 8: Investitionskosten verschiedener Wärmepumpentypen mit Aufteilung der anteiligen Kosten für die Anlage, die Installation, die Erschließung der Wärmequelle und den Pufferspeicher.

→ **TIPP Viele Fördermöglichkeiten**
Die Kosten für eine Wärmepumpe mögen auf den ersten Blick abschreckend wirken. Doch es gibt zahlreiche Fördermöglichkeiten, auf die wir später genauer eingehen (→ Seite 145).

Checklisten: Vorbereitung auf das Gespräch mit dem Fachplaner

Im Vorfeld einer Beratung oder eines Gesprächs mit einem Fachplaner / Fachhandwerker sollten Sie einige Fragen klären. Viele Fragen können Sie selbst beantworten, bei anderen hilft Ihnen gern eine Energieberaterin oder ein Energieberater.

CHECKLISTE

- ☐ Gebäudeart (Einfamilienhaus, Reihenhaus, Doppelhaushälfte)
- ☐ Baujahr des Gebäudes
- ☐ Anzahl der beheizten Geschosse
- ☐ Beheizte Wohnfläche
- ☐ Anzahl der Bewohner (jetzt und in Zukunft)
- ☐ Wandstärken und Materialien
- ☐ Fenster (1-fach, 2-fach, 4-fach verglast)
- ☐ Aktuelle Heizung und aktueller Verbrauch
- ☐ Warmwasser (über Heizung, über Durchlauferhitzer, vorhandener Warmwasserspeicher)
- ☐ Vorhandenes und gewünschtes Wärmeverteilsystem

- ☐ Welche Wärmepumpe wird gewünscht (zum Beispiel Luft-Wasser- oder Sole-Wasser-Wärmepumpe)?
- ☐ Finanzierung/Investitionsmöglichkeiten
- ☐ Aufstellort der Wärmepumpe
- ☐ Platz für Außenanlagen der Wärmepumpe vorhanden?
- ☐ Vorlauftemperatur der aktuellen Heizung im Winter
- ☐ Kühlung gewünscht?
- ☐ Solarenergienutzung gewünscht?
- ☐ Wie lassen sich die Heizungskomponenten der alten und der neuen Anlage aufs Grundstück oder ins Haus bringen? Sind ausreichende Zufahrtswege vorhanden?

Zu einem Beratungsgespräch vor Ort sollten Sie folgende Unterlagen griffbereit haben:

CHECKLISTE

- ☐ Lageplan Haus und Grundstück
- ☐ Bauzeichnung mit Auf- und Grundriss
- ☐ Abrechnungen des Energie- und Wasserversorgers der vergangenen Jahre
- ☐ Herstellerunterlagen zur aktuellen Heizung
- ☐ Energieausweis

Schallemissionen

Von den unterschiedlichen Wärmepumpentypen bilden derzeit Luft-Wasser-Wärmepumpen den größten Anteil aller in Deutschland installierten Anlagen und verzeichnen das stärkste Wachstum am Markt. Die Effizienz von Luft-Wasser-Wärmepumpen ist mit einer Jahresarbeitszahl von circa 3 bis 3,5 zwar geringer als die von erdgekoppelten Wärmepumpen, allerdings ist der Installationsaufwand geringer und daher sind auch die Investitionskosten günstiger. Deshalb erfreuen sich Luft-Wasser-Wärmepumpen größerer Beliebtheit.

Wie bereits dargestellt (→ Seite 67), ist in Bezug auf den Schallschutz die TA Lärm zu beachten. In dieser Vorschrift sind einzuhaltende Grenzwerte für Schallemissionen festgeschrieben. Da bei Luftwärmepumpen Teile der Anlage, die Geräusche verursachen, im Außenbereich (an der Hauswand, im Garten, an der Grundstücksgrenze) aufgestellt sind, ist die Beachtung der Schallemissionen besonders wichtig. Schallentwicklung ist ein sehr sensibler Punkt, der später zu Streitigkeiten mit den Nachbarn führen kann. Um Ärger zu vermeiden, sollten Sie schon bei der Planung dem Thema Schallschutz unbedingt Ihre Aufmerksamkeit widmen.

Es empfiehlt sich, nicht nur die Leitfäden und Richtlinien zu beachten, sondern auch Instrumente wie den Schallschutzrechner des Bundesverbandes Wärmepumpe zu nutzen:
www.waermepumpe.de/schallrechner
Alle bei der Planung der Anlage involvierten Personen und vor allem auch Sie als betreibende Person sind aufgefordert, auf den Schallschutz zu achten.

Wenn Sie mit einer Fachplanerin oder einem Fachplaner besprechen, wie Schallemissionen zu vermeiden oder zu reduzieren sind, kann Ihnen die folgende Checkliste helfen:

CHECKLISTE

- ☐ Aufstellort der Wärmepumpe sinnvoll wählen. Dafür sollten im Vorfeld Berechnungen durchgeführt werden
- ☐ Beachten: Bei einer Wärmepumpe in Splitausführung bleibt das Kompressorgeräusch im Haus
- ☐ Abstandsflächen einhalten (je nach Baurecht mindestens 3,00 Meter zur Grundstücksgrenze)
- ☐ Aufstellort wegen der Schallreflexion weit weg von glatten Flächen planen
- ☐ Betrieb der Wärmepumpe zeitlich anpassen. Ein Pufferspeicher kann helfen, die Laufzeit der Wärmepumpe in den Tag zu verlegen.
- ☐ „Leise"-Modus insbesondere im Nachtbetrieb einstellen
- ☐ Schallentkoppelung auch der Leitungen vorsehen
- ☐ Schallschutzhauben oder -wände nachrüsten
- ☐ Kein Nachtbetrieb bei Störung der Nachbarn
- ☐ Große Wärmetauscher einsetzen; dadurch gibt es weniger Strömungsgeräusche
- ☐ Tonhaltigkeit (zum Beispiel Summen, Pfeifgeräusche) beachten
- ☐ Zu lange Laufzeiten (wenn Anlage zu klein ausgelegt ist) vermeiden
- ☐ Auf regelmäßiges Abtauen achten (→ Seite 59)

Optimierung von Wärmepumpen

Sie erwarten zu Recht von einer Wärmepumpe, dass sie Ihr Haus angenehm temperiert und zugleich möglichst wenig Strom für den Betrieb benötigt. Wenn eine Wärmepumpe nicht optimal läuft, kann ein Fachhandwerker viele Verbesserungen vornehmen.

Wie bei allen Heizungsanlagen sollten Sie eine Wärmepumpe grundsätzlich nach einem gewissen Zeitraum überprüfen lassen und den Betrieb einer genaueren Betrachtung unterziehen. Denn es können sich im Laufe der Zeit verschiedene Bedingungen im Gebäude geändert haben. So befinden sich in einem neu errichteten Haus noch viele Baustoffe mit einem hohen Feuchtigkeitsgehalt, die erst innerhalb von etwa zwei Jahren vollständig trocknen. Spätestens nach den zwei Jahren wird damit eine Anpassung der sogenannten Heizkurve notwendig. Ebenso sind beispielsweise später erfolgte Maßnahmen zur Wärmedämmung am Gebäude zu berücksichtigen, denn diese verringern den Heizbedarf.

Anpassung der Vorlauftemperatur

Die Vorlauftemperatur ist die Temperatur, mit der das Heizwasser in Rohren zu den einzelnen Heizelementen (Heizkörpern oder Flächenheizungen) fließt. Diese geben einen Teil der Wärme an die zu beheizende Umgebung ab. Das abgekühlte Heizungswasser fließt dann zur Wärmepumpe zurück. Dies ist der Rücklauf. Die Differenz zwischen der Vorlauf- und der Rücklauftemperatur wird Spreizung genannt. Üblicherweise beträgt die Spreizung zwischen 5 (bei Flächenheizungen) und 15 bis 20 Grad Celsius (bei Heizkörpern). Die passende Vorlauftemperatur ist abhängig von den verwendeten Wärme-

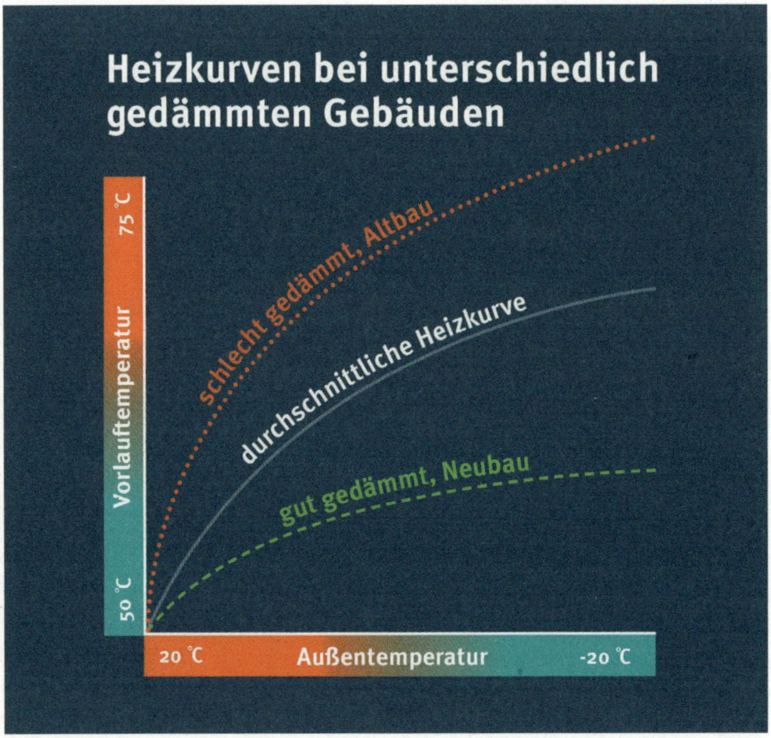

Abb. 1: Je niedriger die Außentemperatur ist, desto höher muss die Vorlauftemperatur sein. Das gilt insbesondere für schlecht gedämmte Altbauten.

übertragern (Heizkörper, Flächenheizungen) und vom Wärmebedarf, der wiederum abhängig ist vom Dämmzustand des Hauses sowie von der Außentemperatur. Bei kalten Außentemperaturen muss die Vorlauftemperatur höher sein als bei höheren Außentemperaturen. Normalerweise besitzen Heizsysteme einen Außentemperaturfühler und eine witterungsgeführte Regelung. Die Vorlauftemperatur wird dann je nach Außentemperatur automatisch eingestellt. Der Zusammenhang zwischen Außentemperatur und Vorlauftemperatur wird in der Heizkurve abgebildet (→ Abb. 1).

Das Zusammenspiel von Vorlauftemperatur, Wärmebedarf und Außentemperatur bestimmt die Raumtemperatur. Dabei spielt natürlich Ihr individuelles Wohlbefinden eine wichtige Rolle. Die richtige Einstellung der Heizkurve sollten Sie von einem Fachmann oder einer Fachfrau in Abstimmung mit Ihren Wünschen vornehmen lassen.

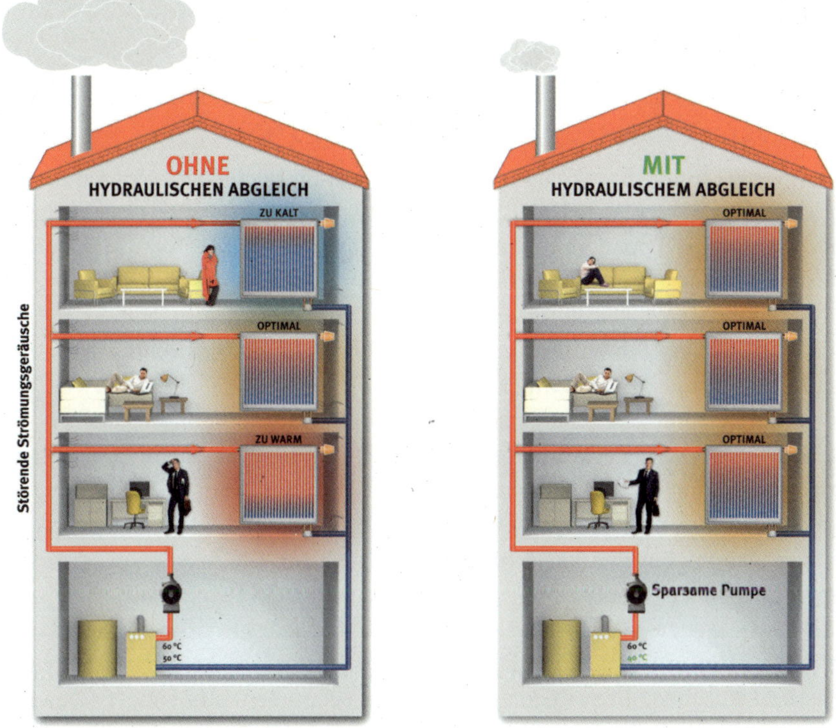

Abb. 2: Hydraulischer Abgleich im Vergleich.

> **! ACHTUNG**
>
> **Hohe Vorlauftemperatur treibt Stromkosten in die Höhe**
>
> Der Energieverbrauch hängt mit der Vorlauftemperatur zusammen. Es gilt: Jedes Grad weniger bei der Vorlauftemperatur ergibt eine Einsparung von bis zu 2,5 Prozent im Stromverbrauch der Wärmepumpenanlage.

Hydraulischer Abgleich

Da Wärmepumpen wie die meisten Wärmeerzeuger ihre produzierte Wärme an eine wassergeführte Fußboden-, Decken- oder Wandheizung oder an Heizkörper (allgemein: Heizflächen) übertragen, ist der Wärmeerzeuger über Rohrleitungen mit diesen verbunden. Diese Rohrleitungen haben einen möglichst großen Rohrquerschnitt, damit sie viel Wasser und somit auch viel Wärme transportieren können. Mit einer Umwälzpumpe wird dieses Wasser umgewälzt, das heißt, durch die Vorlaufleitung wird warmes Wasser zu den Heizflächen transportiert und heizt dadurch den Raum. Verantwortlich dafür ist der Wärmestrom von Warm nach Kalt. Das Wasser im Heizkörper kühlt sich ab. Durch die Rücklaufleitung wird das abgekühlte Wasser wieder zurück zum Wärmeerzeuger gepumpt. Da die Heizflächen unterschiedlich weit von der Wärmepumpe entfernt sind, nimmt der Widerstand, der durch die Reibung an den Rohrwänden entsteht, mit zunehmender Rohrlänge zu. Außerdem sorgen Armaturen, Abzweige und Ventile für einen weiteren Druckabfall in den Rohrleitungen. Hier entsteht häufig das Problem, dass Heizflächen, die weit vom Wärmeerzeuger entfernt sind, nicht mehr richtig durchströmt und deswegen nicht richtig warm werden. Das führt dazu, dass in diesen Räumen nicht die gewünschten Temperaturen erreicht werden. Wird deswegen die Vorlauftemperatur am Wärmeerzeuger erhöht, wird das Problem nicht gelöst, sondern nur abgemildert, aber der Verbrauch und damit die Kosten steigen an.

Deshalb muss das Heizsystem mit den Rohrleitungen und Heizflächen hydraulisch abgeglichen werden. Grundlage des hydraulischen Abgleichs ist eine Heizlastberechnung für jeden Raum. In diese Berechnung vom Fachbetrieb fließen unter anderem Angaben über die Wärmedämmung des Gebäudes sowie die Bauart der Heizkörper und der Rohrleitungen ein. Daraufhin kann der Fachmann die passende Heizwassermenge für jeden Raum und den optimalen Druck der Heizungspumpe bestimmen. Mit den Berechnungsergebnissen stellt er die voreinstellbaren Thermostatventile jedes Heizkörpers ein. Falls dies nicht möglich ist, müssen die Thermostatventile eventuell ausgetauscht werden. Über eine Stellschraube im Ventilunterteil kann festgelegt werden, wie viel Heizwasser – unabhängig von der Einstellung des Thermostatkopfes – maximal durch das Ventil strömen soll. So kann der Durchfluss des warmen Wassers in dem Heizkörper begrenzt und an den tatsächlichen Bedarf des Raums angepasst werden.

→ TIPP Ein einfacher Test

Ob die hydraulische Anbindung richtig funktioniert und die Vorlauftemperatur nicht zu hoch eingestellt ist, können Sie ganz leicht selbst testen. Dafür öffnen Sie bei kalten Außentemperaturen alle Heizungsventile komplett und betreiben die Heizung mit dieser Einstellung (Nachtabsenkung ausschalten!) einen halben Tag lang. Anschließend kontrollieren Sie mit einem Thermometer die Raumtemperaturen. Wenn Sie feststellen, dass die Räume dann viel zu warm sind – was bei diesem Test oft der Fall ist –, kann die Vorlauftemperatur am Wärmeerzeuger für den Heizbetrieb abgesenkt werden. Das spart Energie, CO_2 und Kosten. Wenn einzelne Räume nicht warm genug werden, muss der hydraulische Abgleich durchgeführt oder die Heizflächen müssen vergrößert werden.

Optimierung des Betriebs

Nutzerverhalten ändern

Sie als Nutzerin oder Nutzer eines Gebäudes haben über Ihr alltägliches Verhalten einen großen Einfluss auf den Energieverbrauch. Eine Erhöhung der Raumtemperatur um 1 Grad Celsius hat einen Energiemehrverbrauch von rund 6 Prozent zur Folge. Auch sind dauerhaft gekippte Fenster beispielsweise ein Grund für einen erhöhten Energieverbrauch. Wenn Sie hingegen zweimal täglich wenige Minuten lang stoßlüften, bekommen Sie verbrauchte Luft und Feuchtigkeit besser und energiesparsamer aus dem Gebäude. Sollten Sie vorhandene Duschköpfe gegen sogenannte Rainshower oder Rainfalls austauschen, steigt der Warmwasserverbrauch von 10 Liter / Minute auf 25 bis 50 Liter / Minute. Wird der Warmwasser-

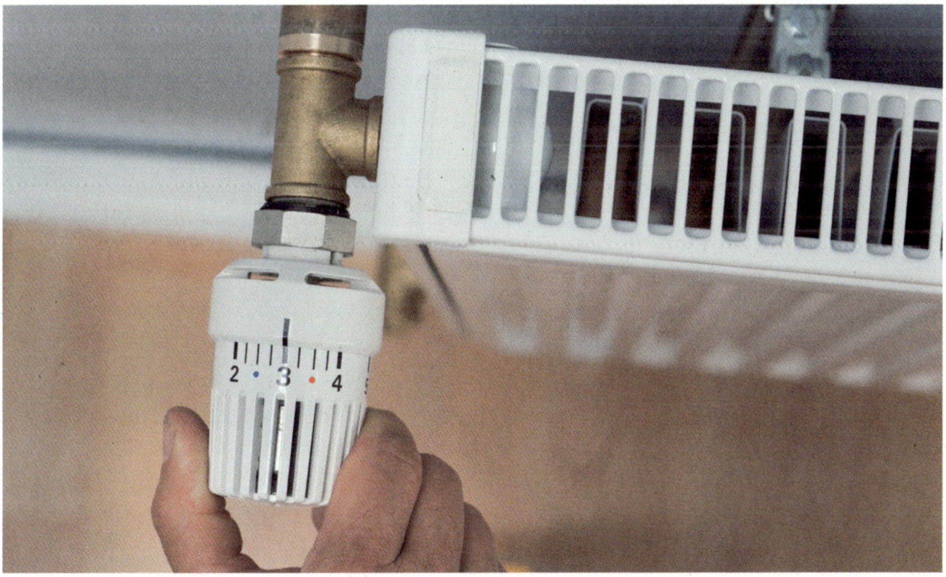

Abb. 3: Jedes Grad weniger spart Energie.

ACHTUNG

Die Wärmepumpenanlage versichern!

Wärmepumpenanlagen sind teuer und Teile der Anlagen sind meist außerhalb des Hauses angebracht. Dort sind sie nicht nur der Witterung ausgesetzt, sondern können auch gestohlen werden. Es ist deshalb wichtig, den Versicherungsschutz entsprechend anzupassen.

Wie bei allen größeren Veränderungen rund ums Haus sollten Sie den Versicherer frühzeitig mit ins Boot holen und informieren. Kommt es nämlich zum Schaden und wusste der Versicherer nichts über den Einbau der Wärmepumpe, stehen Sie unter Umständen schlecht da und haben keinen oder nur einen eingeschränkten Versicherungsschutz.

Klassischerweise schützt die Wohngebäudeversicherung unter anderem bei Schäden durch Brand, Blitzschlag, Sturm oder Leitungswasser. Der Versicherungsschutz erstreckt sich hierbei auf das Gebäude und fest eingebaute Gegenstände wie zum Beispiel die Heizungsanlage. Mit der neuen Technik gehen jedoch auch neuartige Gefahren einher, die bisher oft nicht versichert sind. Wer bisher die massive Ölheizung im Keller stehen hatte, musste sich um deren Diebstahl wohl kaum sorgen. Die gängigen Geräte für umweltfreundlichere Energie werden aber gerade außerhalb des Hauses angebracht und sind so auch für Kriminelle leichter zugänglich. Kommt es dann zu einem Diebstahl, ist der über die bestehende Wohngebäudeversicherung zumeist nicht abgesichert. Dafür muss der Versicherungsvertrag angepasst werden. Auch falsche Bedienung, Frost, Kurzschluss oder Konstruktions- und Materialfehler können mitversichert werden und schützen so zusätzlich bei Schäden an der Wärmepumpe.

speicher nicht an den höheren Verbrauch angepasst, kann es passieren, dass nach dem ersten Duschbad kein Warmwasser für weitere Personen zur Verfügung steht. Denken Sie also darüber nach, auf Rainshower- oder Rainfall-Duschen zu verzichten.

Viele Heizungssteuerungen sehen eine Nachtabsenkung zwischen 22 und 6 Uhr vor. Während dieser Zeit wird die Raumtemperatur auf 16 oder 18 Grad Celsius abgesenkt. Bei sehr massiven Häusern und solchen, in denen eine Fußbodenheizung vorhanden ist, fällt die Raumtemperatur aufgrund der

Trägheit der schweren Bauteile sehr langsam ab. Wenn die Heizung um 6 Uhr wieder anläuft, dauert es zwischen zwei und sechs Stunden, bis die Raumtemperatur wieder erreicht wird. Dazu sind dann meist höhere Vorlauftemperaturen notwendig. Besonders bei der Wärmepumpe, die sehr effektiv mit geringen Vorlauftemperaturen läuft, ist eine Nachtabsenkung nicht sinnvoll. Effizienter ist es, auf die Nachtabsenkung zu verzichten und mit einer geringen Vorlauftemperatur durchzuheizen. Von vielen Bewohnern wird es auch als wesentlich angenehmer empfunden, wenn die Fußböden und Wände im Raum sowohl tagsüber als auch nachts eine möglichst gleiche Temperatur haben.

Zirkulationsleitung bei Warmwasser

Damit am Wasserhahn direkt warmes Wasser zur Verfügung steht, sind viele Warmwasserinstallationen mit einer Warmwasser-Zirkulationsleitung und einer Zirkulationspumpe ausgestattet. Diese zweite Leitung wird in der Nähe der Zapfstelle an die Haupt-Warmwasserleitung angeschlossen und bildet so eine Möglichkeit, das warme Wasser bis kurz vor der Zapfstelle zirkulieren zu lassen, das heißt im Kreis zu pumpen. Wenn Sie dann den Wasserhahn für das warme Wasser aufdrehen, fließt sofort warmes Wasser. Ohne spezielle Steuerung wird an 365 Tagen und 24 Stunden pro Tag das warme Wasser ständig im Kreis gepumpt, was zu hohen Wärmeverlusten, erhöhtem Stromverbrauch für die Pumpe und damit hohen Energiekosten führt.

Deutlich energiesparsamer ist eine bedarfsgerechte Steuerung per Zeitschaltuhr oder per separatem Taster, mittels eines Schalters, der auf Druckschwankungen reagiert, oder einem Bewegungsmelder. Bei der Zeitschaltuhr wird zu den Hauptverbrauchszeiten (zum Beispiel morgens und abends) die Zirkulationspumpe eingeschaltet. Außerhalb dieser Zeiten gibt es auch warmes Wasser, es dauert nur etwas länger, bis es aus der Zapfstelle fließt. Bei der Steuerung über Druckschwankungen sinkt der Wasserdruck beim Öffnen des Wasserhahns kurzfristig und löst ein Steuersignal für die Zirkulationspumpe aus. Der Bewegungsmelder, beispielsweise im Badezimmer, schaltet beim Betreten des Raums die Zirkulationspumpe ein. Bei der Lösung mit separatem Taster können Sie diesen manuell betätigen, wann immer Sie warmes Wasser benötigen.

Wartung

Wärmepumpenanlagen arbeiten – ähnlich wie ein Kühlschrank – sehr zuverlässig. Es wird dennoch empfohlen, regelmäßige Wartungen gemäß Empfehlung des Herstellers durchführen zu lassen. Bei Wartungen können die Fachleute potenzielle Probleme frühzeitig erkennen und beheben. Der Hersteller Ihrer Wärmepumpe oder auch der Installationsbetrieb sind hier die richtigen Ansprechpartner.

Checkliste: Den Betrieb der Wärmepumpe optimieren

In der folgenden Checkliste finden Sie noch einmal zusammengefasst alle Möglichkeiten, mit denen Sie den Betrieb Ihrer Wärmepumpe optimieren und damit die Energiekosten niedrig halten können:

CHECKLISTE

- ☐ Hydraulischen Abgleich durchführen (Selbsttest möglich)
- ☐ Wärmeübertrager regelmäßig entlüften (Heizkörper, Flächenheizung) und, wenn nötig, Heizungswasser nachfüllen
- ☐ Heizkurve an aktuellen Gebäudezustand anpassen
- ☐ Vorlauftemperatur anpassen
- ☐ Raumtemperatur an das Wohlempfinden und den Energieverbrauch anpassen
- ☐ Positive Auswirkungen haben unter anderem: Austausch von Fenstern und Türen, Dämmung von Geschossdecken, Dachstuhl und Fassade
- ☐ Am besten geeignet sind Flächenheizungssysteme: Fußbodenheizung, Wandheizung oder vergrößerte Heizkörper
- ☐ Mit Beginn der planmäßigen Nutzung einer Heizungsanlage mit Wärmepumpe ist eine energetische Optimierung zu empfehlen. Eine weitere Optimierung der Anlage ist sinnvoll nach dem ersten Nutzungsjahr, insbesondere in Neubauten und umfangreich sanierten Bestandsgebäuden, sowie bei Nutzungsänderung
- ☐ Ziel der Optimierung ist eine Heizkurve mit möglichst niedrigen Systemtemperaturen, um eine hohe Effizienz der Wärmepumpe zu erreichen. Dadurch vermeiden Sie ein unnötiges Abdrosseln der Heizkreise durch die Raumtemperaturregler
- ☐ Lüftungsverhalten optimieren
- ☐ Auf Nachtabsenkung verzichten
- ☐ Austausch der Duschköpfe prüfen

- ☐ Druck der Ausdehnungsgefäße prüfen (→ Seite 46)
- ☐ Prüfen, ob Hocheffizienzpumpen bei Umwälzpumpen einsetzbar sind
- ☐ Nutzungszeiten der Warmwasser-Zirkulationspumpen anpassen
- ☐ Anlage regelmäßig warten lassen
- ☐ Alle wasserführenden Teile auf Leckagen prüfen
- ☐ Heizstab gegen ungewolltes Einschalten verriegeln. Bei sorgfältiger Planung darf der Heizstab nicht mehr als 2 Prozent der Jahresheizenergie übernehmen
- ☐ Ab und zu Wärmemengenzähler und Stromzähler ablesen, Arbeitszahl ermitteln und mit Planungsdaten vergleichen. Bei Abweichung Fachunternehmen benachrichtigen
- ☐ Regelmäßig die Stromtarife checken. Dabei die speziellen Wärmepumpentarife im Blick halten

Fördermöglichkeiten für die Wärmepumpe

Bis 2045 will Deutschland einen möglichst klimaneutralen Gebäudebestand haben. Derzeit werden laut Deutscher Energie-Agentur (dena) aber noch rund 35 Prozent des Endenergieverbrauchs und etwa 30 Prozent der CO_2-Emissionen in Deutschland in den Gebäuden verursacht (Stand Juni 2023).

Um das zu ändern, fördert die Bundesregierung viele Maßnahmen, um die Gebäude energieeffizienter und klimafreundlicher zu machen. Darunter sind auch Programme, die Sie beim Einbau einer Wärmepumpe finanziell entlasten.

Es gibt eine Reihe verschiedener Programme des Bundes, der Bundesländer, der Kommunen und der Energieversorgungsunternehmen zur Förderung der Wärmepumpe. Da sich die Förderprogramme, ihre Bedingungen und ihre Möglichkeiten immer wieder einmal ändern, gehen wir an dieser Stelle auf die Einzelheiten der Programme nicht detailliert ein. In diesem Kapitel finden Sie daher lediglich einen groben Überblick über die derzeit aktuellen Förderprogramme – insbesondere die Bundesförderung für effiziente Gebäude (BEG) und den derzeitigen Diskussionsstand zum BEG stellen wir in groben Zügen vor. Weiterhin nennen wir die relevanten Förderstellen, die aktuelle Informationen über die derzeit gültigen Programme liefern und bei denen Sie detailliert und kompetent Auskunft erhalten.

→ **TIPP Infos der Verbraucherzentrale**
Einen guten Überblick über die aktuellen Förderprogramme finden Sie zudem auf:
www.verbraucherzentrale.de/node/43745

Bundesförderung

Wer mit erneuerbaren Energien heizt, wird vom Staat belohnt. Sowohl im Neubau als auch für den Austausch einer alten Heizung gegen eine Wärmepumpe gibt es derzeit attraktive Zuschüsse.

Die **Bundesförderung für effiziente Gebäude (BEG)** hat zum 1.1.2023 neue Richtlinien bekommen. Sie fasst frühere Programme zur Förderung von Energieeffizienz und erneuerbaren Energien im Gebäudebereich zusammen und unterstützt unter anderem den Einsatz neuer Heizungsanlagen, die Optimierung bestehender Heizungsanlagen, Maßnahmen an der Gebäudehülle und den Einsatz optimierter Anlagentechnik. Die BEG gliedert sich in vier Bereiche:

BEG EM: Förderung von **Einzelmaßnahmen** im Gebäudebestand (Sanierung)

BEG WG: Effizienzhausförderung für **Wohngebäude** (Sanierung)

BEG NWG: Effizienzhausförderung für **Nichtwohngebäude** (Sanierung)

BEG KfN: Förderung für **klimafreundlichen Neubau** (seit 1. 3. 2023)

Mit der Durchführung des Förderprogramms BEG wurden das **Bundesamt für Wirtschaft und Ausfuhrkontrolle (BAFA)**

Abb. 1: Struktur der Bundesförderung für effiziente Gebäude (BEG).

in Eschborn und die **Kreditanstalt für Wiederaufbau (KfW)** in Frankfurt beauftragt.

Bei einer Sanierung haben Sie grundsätzlich die Wahl: Wird Ihr Gebäude auf einen speziellen Effizienzhausstandard saniert, kann die Förderung über die BEG WG als Kreditförderung (mit Tilgungszuschuss) erfolgen. Werden nur einzelne Maßnahmen, zum Beispiel ein Heizungstausch, durchgeführt, können diese Kosten als Einzelmaßnahmen über das BEG EM gefördert werden. Sie können auch beide Programme in Anspruch nehmen – allerdings nur zeitversetzt, da eine Kombination aus BEG WG und BEG EM nicht möglich ist. Falls unterschiedliche Techniken zur Anwendung kommen, ist auch eine zeitgleiche Förderung möglich.

BEG EM: Förderung von Einzelmaßnahmen im Gebäudebestand (Sanierung)

Für die BEG EM liegt die Zuständigkeit derzeit beim BAFA (Stand: September 2023). Es werden nicht nur Investitionen in Wärmepumpen und ihre Installation gefördert, sondern auch sogenannte Umfeldmaßnahmen wie Fachplanung und Baubegleitung (siehe dazu: Infoblatt zu den förderfähigen Maßnahmen und Leistungen, www.bafa.de). Für die BEG EM gelten folgende allgemeine Fördervoraussetzungen: Förderfähig ist die Errichtung von effizienten Wärmepumpen im Gebäudebestand, wenn die Anlage zur überwiegenden Bereitstellung der Raumheizung, zur kombinierten Trinkwassererwärmung und Raumheizung sowie zur Wärmebereitstellung für Wärmenetze verwendet wird. Auch Luft-Luft-Wärmepumpen und Lüftungsanlagen sind als eigenständige Maßnahmen förderfähig.

> **!** ACHTUNG
>
> **Förderantrag vor Auftragsvergabe stellen!**
>
> Der Förderantrag muss vor Beginn des Vorhabens gestellt werden, also vor Abschluss eines der Ausführung zuzurechnenden Lieferungs- oder Leistungsvertrags. Planungsleistungen hingegen dürfen vor Antragstellung erbracht werden.

Bei der Errichtung von Erdwärmesonden gilt: Das Bohrunternehmen muss nach DVGW W120-2 (→ Seite 56) zertifiziert sein und eine verschuldensunabhängige Versicherung abgeschlossen haben.

Der Antrag ist online zu stellen (www.bafa.de). Maßgeblich für die Einhaltung der Antragsfrist ist das Eingangsdatum des Antrags beim BAFA.

Die Fördersätze für Wärmepumpen betragen derzeit (Stand: September 2023) 25 Prozent im Standardfall plus 5 Prozent WP-Bonus bei Wärmepumpen, die Wasser, Erdreich oder Abwasser als Wärmequelle oder ein natürliches Kältemittel nutzen. Bei Ersatz einer funktionstüchtigen Öl-, Kohle- oder Nachtspeicherheizung erhöht sich der Fördersatz durch den sogenannten Heizungs-Tausch-Bonus (HTB) um 10 Prozent auf 35 oder 40 Prozent. Die höheren Fördersätze werden außerdem für den Austausch einer Gasetagenheizung und einer über 20 Jahre alten Gaszentralheizung gewährt.

Die förderfähigen Kosten der Sanierungsmaßnahmen sind derzeit (Stand: September 2023) bei Wohngebäuden auf 60.000 Euro pro Wohneinheit und Jahr gedeckelt. Zu den förderfähigen Kosten gehören:

→ Anschaffungskosten der Wärmepumpenanlage
→ Ausgaben für Installation und Inbetriebnahme
→ Ausgaben für die Einbindung von Experten für Fachplanung und Baubegleitung
→ Ausgaben für notwendige Umfeldmaßnahmen (→ Kasten).

Für Endkunden und Handwerker bildet weiterhin die BAFA-Liste der Wärmepumpen mit Prüfzertifikat die wichtigste Grundlage bei der Auswahl des zu fördernden Geräts. Wärmepumpen mit einem wassergeführten Wärmeverteilsystem müssen alle Energieverbräuche sowie die erzeugten Wärmemengen messtechnisch erfassen und eine SG-Ready-Schnittstelle (→ Seite 78) besitzen. Das Gesamtsystem muss eine Jahresarbeitszahl von mindestens 2,7 (ab dem 1.1.2024 mindestens 3,0) erreichen. Die Jahresarbeitszahl können Sie zusammen mit Ihrem Fachplaner zum Beispiel mithilfe des JAZ-Rechners des BWP berechnen (www.waermepumpe.de/jazrechner).

Es werden nur Wärmepumpen gefördert, die die festgelegten Effizienzkriterien erfüllen. Förderfähige Wärmepumpen finden Sie in der BAFA-Liste der Wärmepumpen mit Prüfzertifikat auf www.bafa.de („Förderprogramme im Überblick" – „Publikationen").

Übrigens: Im Rahmen der BEG-EM-Förderung wird bei einer Modernisierung nicht nur der Heizungstausch gefördert. Maßnah-

GUT ZU WISSEN

Förderfähige Umfeldmaßnahmen

Zu den förderfähigen Umfeldmaßnahmen gehören zum Beispiel die fachgerechte Deinstallation und Entsorgung von Altanlagen (wichtig bei Nutzung des HT-Bonus!), die Erschließung der Wärmequelle sowie Optimierungen des Heizungsverteilsystems, der Austausch von Heizkörpern oder der Einbau von Flächenheizungen und die Installation eines Speichers (siehe Infoblatt zu den förderfähigen Maßnahmen und Leistungen der BAFA, **www.bafa.de**).

men an der Gebäudehülle, sonstige Anlagentechnik, wie zum Beispiel der Einbau, der Austausch oder die Optimierung raumlufttechnischer Anlagen inklusive Wärme-/Kälterückgewinnung, und Heizungsoptimierung werden mit 20 Prozent gefördert und die Baubegleitung, das heißt die energetische Fachplanung, mit 50 Prozent – sofern die Maßnahmen umgesetzt werden.

Nach Fertigstellung der geförderten Maßnahme sind Sie verpflichtet, der BAFA eine Fachunternehmererklärung für Wärmepumpenanlagen (→ Seite 77) vorzulegen.

→ **TIPP Online-Förderrechner**

Der Bundesverband Wärmepumpe bietet unter www.waermepumpe.de/foerderrechner einen Wärmepumpen-Förderrechner an. Nach Beantwortung einiger weniger Fragen zu einem konkreten Projekt erhalten Sie Informationen zur Zuschusshöhe, zu den technischen Anforderungen sowie zum Antragsverfahren.

BEG WG und BEG NWG: Effizienzhausförderung für Wohngebäude und Nichtwohngebäude (Sanierung)

Die BEG WG und die BEG NWG (Zuschussförderung für Kommunen und die Kreditvariante) werden durch die KfW administriert. Über die BEG WG und die BEG NWG werden Vollsanierungen, also Sanierungen von Bestandsgebäuden inklusive Heizung, durch zinsverbilligte Kredite mit Tilgungszuschuss gefördert. Wie hoch der Zinssatz ausfällt, hängt davon ab, welche Kreditlaufzeit Sie wählen. Der Prozentsatz des Tilgungszuschusses wird davon bestimmt, welche Effizienzhausstufe die sanierte Immobilie erreicht und ob die Voraussetzungen für eine sogenannte Erneuerbare-Energien-(EE)-Klasse oder Nachhaltigkeits-(NH)-Klasse erfüllt werden.

GUT ZU WISSEN

Energieeffizienz-Experte (EEE)

Die Antragstellung für Einzelmaßnahmen an der Gebäudehülle, für Anlagentechnik (außer Heizung) sowie für die Errichtung, den Umbau und die Erweiterung eines Gebäudenetzes erfordert die Einbindung eines Energieeffizienz-Experten (EEE).

Ein EEE unterstützt den Antragsteller bei der energetischen Fachplanung und Baubegleitung.

Bei der Suche nach dem passenden Energieeffizienz-Experten hilft die von der Deutschen Energie-Agentur GmbH (dena) zur Verfügung gestellte Internetseite **www.energie-effizienz-experten.de.**

BEISPIEL

Beispiele für die BEG-EM-Förderung

Beispiel 1: Austausch eines funktionstüchtigen Gaskessels, der mindestens 20 Jahre alt ist, durch den Einbau einer neuen Luft-Wasser-Wärmepumpe:
35 Prozent der förderfähigen Kosten

Beispiel 2: Austausch eines defekten Gaskessels und Einbau einer neuen Luft-Wasser-Wärmepumpe:
25 Prozent der förderfähigen Kosten

Beispiel 3: Austausch eines alten, funktionstüchtigen Ölkessels und Einbau einer neuen Sole-Wasser-Wärmepumpe. Das Bohrunternehmen muss nach DVGW W120–2 zertifiziert sein und eine verschuldensunabhängige Versicherung abgeschlossen haben. Weiterhin werden die Heizkörper modernisiert, um die Vorlauftemperatur zu senken:
40 Prozent der förderfähigen Kosten

Beispiel 4: Austausch eines Gaskessels mit 15-jähriger Laufzeit sowie Einbau einer Wärmepumpe mit natürlichem Kältemittel (zum Beispiel Propan):
30 Prozent der förderfähigen Kosten

Beispiel 5: Ersatz einer alten Luft-Wasser-Wärmepumpe durch eine Sole-Wasser-Wärmepumpe. Das Bohrunternehmen muss nach DVGW W120–2 zertifiziert sein und eine verschuldensunabhängige Versicherung abgeschlossen haben:
30 Prozent der förderfähigen Kosten
Stand: September 2023

Der Effizienzstandard von Gebäuden wird an zwei Kriterien festgemacht: einerseits am Gesamtenergiebedarf, der über den Primärenergiebedarf definiert wird. Andererseits an der Wärmedämmung der Gebäudehülle, die über den Transmissionswärmeverlust bestimmt wird. Die Werte selbst stehen für die Höhe des Primärenergiebedarfs im Vergleich zu einem Referenzgebäude, dem KfW-Effizienzhaus 100. Dieses entspricht den Kriterien des Gebäudeenergiegesetzes (GEG), die jedes Gebäude – entweder als Neubau oder bei Sanierung eines Bestandsgebäudes – in Deutschland erfüllen muss. Ein KfW-Effizienzhaus 40 (EH 40) verbraucht also nur 40 Prozent des Gesamtenergiebedarfs des Referenzgebäudes.

Die BEG WG und die BEG NWG fördern die Sanierung eines bestehenden Gebäudes, wenn dieses durch die ergriffenen Maßnahmen einen Effizienzhausstandard erreicht. Wie hoch die Förderung im Einzelfall ausfällt, hängt von vielen Details ab. Zudem ändern sich die Förderprogramme immer wieder.

Seit dem 1. 3. 2023 gibt es zusätzliche Förderprogramme: **Klimafreundlicher Neubau (KfN)** und **Wohneigentum für Familien (WEF).** Die Förderung wird über Kredite (ab 0,01 Prozent effektiver Jahreszins ohne Tilgungszuschuss) gewährt. Die Höchstgrenze der förderfähigen Kosten beim Neubau und bei der Sanierung von Wohngebäuden beträgt 150.000 Euro je Wohneinheit.

HINTERGRUND

EE-Klasse und NH-Klasse

Ein Gebäude erreicht die Erneuerbare-Energien-(EE)-Klasse, wenn dort mindestens zu 65 Prozent erneuerbare Energien eingesetzt werden. Die Nachhaltigkeits-(NH)-Klasse bezieht sich auf Gebäude, die über das staatliche Qualitätssiegel für Nachhaltigkeit (QNG) verfügen müssen.

GUT ZU WISSEN

Hilfreiche Webseiten

Beim Einbau einer Wärmepumpe können Sie wählen, ob Sie die Installation der Wärmepumpe inklusive Umfeldmaßnahmen über die BEG EM (BAFA) oder über die BEG WG (KfW) fördern lassen. Beachten Sie dabei, dass der Bonus für die EE-Klasse nur gewährt wird, wenn die Wärmepumpe im Rahmen der BEG WG geltend gemacht wird.
Nähere Informationen zu BEG EM, BEG WG/NWG, KfN und WEF sowie Antragsformulare finden Sie auf den Webseiten der BAFA (**www.bafa.de**) und der KfW (**www.kfw.de**).
Weitere Informationen sind auch über die Verbraucherzentralen erhältlich: **www.verbraucherzentrale.nrw/node/43745**

Landes- und kommunale Förderung

Neben der Bundesförderung gibt es auch Förderprogramme der Bundesländer und der Kommunen. Die Förderdatenbank des Bundeswirtschaftsministeriums (www.foerderdatenbank.de) gibt einen aktuellen Überblick über bestehende Förderprogramme. Sie können dort verschiedene

Filter verwenden und sich zum Beispiel nur die Förderprogramme in Ihrem Bundesland anzeigen lassen.

Auch Energieversorger bieten Förderprogramme an. Daher sollten Sie auch dort nach Fördermöglichkeiten fragen.

ACHTUNG

Eckpunkte der neuen Bundesförderung für effiziente Gebäude (BEG) ab 2024

Am 8.9.2023 hat der Deutsche Bundestag die Novelle des Gebäudeenergiegesetzes sowie Eckpunkte für die neue Förderung des Heizungstausches beschlossen (→ Seite 25). Auf dieser Grundlage werden nun (Stand: September 2023) die Förderrichtlinien der Bundesförderung für effiziente Gebäude (BEG) überarbeitet und innerhalb der Bundesregierung abgestimmt. Die neuen Bedingungen treten zum 1.1.2024 in Kraft. Bis dahin gelten die in diesem Kapitel dargestellten Förderbedingungen (→ Seite 147).

Ab 2024 soll es für den Heizungstausch folgende Investitionskostenzuschüsse geben:

- Eine Grundförderung von 30 Prozent für alle Wohn- und Nichtwohngebäude, die wie bisher allen Antragstellergruppen offensteht.
- Einen einkommensabhängigen Bonus von 30 Prozent für selbst nutzende Eigentümerinnen und Eigentümer mit bis zu 40.000 Euro zu versteuerndem Haushaltseinkommen pro Jahr.
- Einen Klima-Geschwindigkeitsbonus von 20 Prozent bis 2028 für den frühzeitigen Austausch alter fossiler Heizungen für selbst nutzende Eigentümerinnen und Eigentümer.
- Die Boni sind kumulierbar bis zu einem maximalen Fördersatz von 70 Prozent.

Die Förderung soll auf maximal 30.000 Euro Investitionskosten gewährt werden. Das würde beispielsweise in der Basisförderung einen maximalen Zuschuss von 9.000 Euro und beim Höchstfördersatz einen maximalen Zuschuss von 21.000 Euro bedeuten.

Neu erhältlich sein wird ein Kreditangebot – zinsvergünstigt für Antragstellende bis zu einem zu versteuernden Haushaltseinkommen von 90.000 Euro pro Jahr – für Heizungstausch und Effizienzmaßnahmen. Bis zum Inkrafttreten der überarbeiteten Förderung gelten die hier dargestellten aktuellen Bedingungen.

C/CE
MU
MRC
M-
M+
April

Wie finde ich die beste Wärmepumpenlösung für mein Haus?

Wer von einem konventionellen Heizungssystem auf ein wärmepumpenbasiertes System umsteigen will, hat viele Möglichkeiten. In diesem Kapitel stellen wir Varianten für wärmepumpenbasierte Systeme vor. Und Beispiele aus der Praxis zeigen, wie sich bei unterschiedlichen Voraussetzungen in Neubau und Bestand der Einbau einer Wärmepumpe realisieren lässt.

In Tabellen zeigen wir verschiedene technische Lösungen für Heizungswärmeerzeuger, Warmwasserzeugung und Heizwärmeverteilung. Sie sollen die Auswahl der besten Lösung für Ihr Haus erleichtern. In einigen Projektbeispielen veranschaulichen wir anschließend, wie die Realisierung einer Wärmepumpenanlage im Neubau oder im Bestand konkret aussehen kann.

Variantenvergleiche von Wärmeerzeugern, Wärmepumpenheizungen und Wärmeverteilern

Damit Sie die am Markt verfügbaren Wärmepumpensysteme vergleichen können, führen wir in einigen Tabellen stichpunktartig die wichtigsten Eigenschaften, Vor- und Nachteile auf.

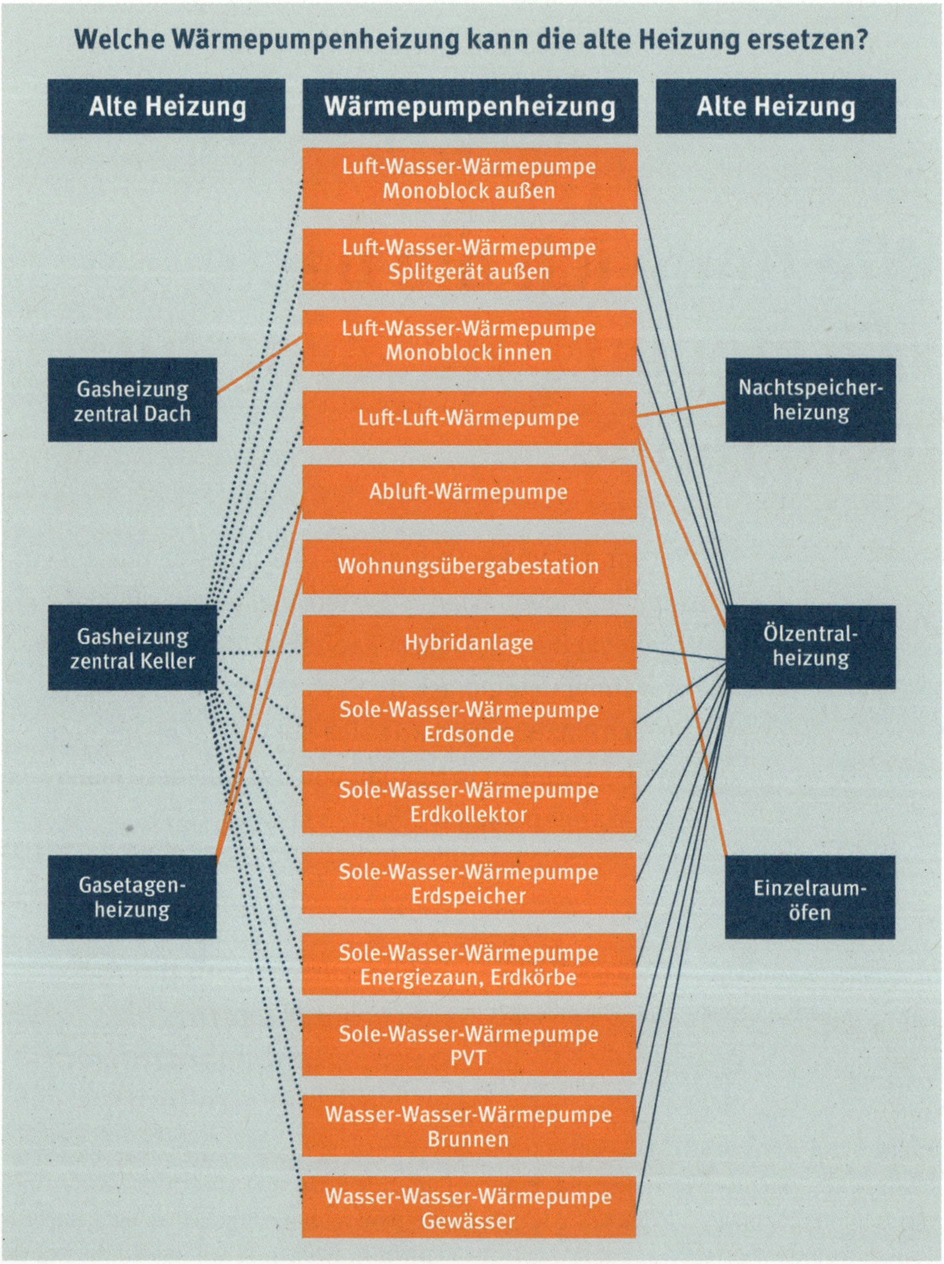

Abb. 1: Meistens gibt es mehrere Möglichkeiten, wie die alte Heizung durch eine Wärmepumpenheizung ersetzt werden kann. Die Linien zeigen lediglich die am häufigsten gewählten Zuordnungen. Weitere Zuordnungen sind möglich und sollten mit dem Fachplaner in Hinblick auf die örtlichen Gegebenheiten besprochen werden.

Wärmeerzeuger

Für die Sanierung eines Bestandsgebäudes mit einer Wärmepumpe betrachten wir zunächst die gängigen konventionellen Heizungssysteme, die ersetzt werden sollen:

- → Gasheizung zentral Keller
- → Gasheizung zentral Dach
- → Gasetagenheizung
- → Ölzentralheizung
- → Nachtspeicherheizung
- → Einzelraumöfen

Welche alten Heizungsanlagen bei einem Wechsel zu einem Wärmepumpensystem typischerweise mit welchen Wärmepumpenheizungen zu ersetzen sind, zeigt Abbildung 1.

Wie Sie der Grafik entnehmen können, gibt es vor allem für Gaszentralheizungen und Ölzentralheizungen diverse Lösungen. Welche in Ihrem Fall die beste ist, hängt auch von den individuellen Gegebenheiten und Ihren Vorstellungen ab. Auf jeden Fall empfiehlt es sich, eine Beratung, zum Beispiel durch die Energieberatung der Verbraucherzentrale, in Anspruch zu nehmen.

Die folgende Tabelle zeigt, welche Heizmöglichkeiten es mit Wärmepumpen gibt und wie diese zu bewerten sind. Berücksichtigen Sie dabei bitte, dass die Hersteller sich verstärkt bemühen, Systemlösungen zu entwickeln oder zu optimieren, die den Umstieg von einem alten Heizsystem auf eine Wärmepumpenheizung vereinfachen und den Installationsaufwand und damit die Einbauzeit verkürzen. Eine Variante, die wir derzeit zum Beispiel noch als aufwendig zu installieren bewerten, kann also demnächst attraktiver sein.

WÄRMEPUMPENHEIZUNG	BEWERTUNG, HINWEISE
Luft-Wasser-Wärmepumpe Monoblock außen	Einfache Aufstellung, Schallschutz beachten, Heizen und Kühlen (aktiv) möglich
Luft-Wasser-Wärmepumpe Splitgerät außen	Einfache Aufstellung, Schallschutz beachten, Installateur braucht Kältemittelschein, Heizen und Kühlen (aktiv) möglich
Luft-Wasser-Wärmepumpe Monoblock innen	Geschützte Aufstellung innen, höherer Installationsaufwand, auch für den Austausch einer Gasheizung auf dem Dachboden geeignet, Heizen und Kühlen (aktiv) möglich
Luft-Luft-Wärmepumpe	Einfache Aufstellung, Schallschutz beachten, Installateur braucht Kältemittelschein, pro Raum eine oder mehrere Inneneinheiten erforderlich, Wärmeübertragung über Luftstrom, Heizen und Kühlen (aktiv) möglich, besonders für den Austausch von Nachtspeicherheizungen und Einzelraumöfen geeignet

WÄRMEPUMPENHEIZUNG	BEWERTUNG, HINWEISE
Abluft-Wärmepumpe	Innenaufstellung, Raumluft als Wärmequelle für Heizen und Warmwasser, Lüftungsrohre notwendig, da auch Lüftungsanlage integriert, nur in gut gedämmten Gebäuden, Heizen und Kühlen (aktiv), insbesondere für Austausch von Gasetagenheizungen geeignet.
Wohnungsübergabestation	Für Mehrfamilienhäuser geeignet, zentrale Wärmeerzeugung notwendig, eine Wohnungsübergabestation pro Wohneinheit notwendig, geeignet für den Austausch von Gasetagenheizungen
Hybridanlage	Kombination zweier Wärmeerzeuger, Beispiel: alte fossile Heizung wird um eine Luft-Wasser-Wärmepumpe ergänzt, doppelter Wartungsaufwand notwendig, Wärmepumpe kann im optimalen Bereich arbeiten, höhere Temperaturen werden durch den zweiten Wärmeerzeuger erzeugt, Wärmepumpe kann heizen und kühlen (aktiv)
Sole-Wasser-Wärmepumpe Erdsonde	Erschließung der Wärmequelle sehr aufwendig, Genehmigung erforderlich, Heizen und Kühlen (passiv) möglich, hohe JAZ erreichbar
Sole-Wasser-Wärmepumpe Erdkollektor	Erschließung der Wärmequelle aufwendig, Genehmigung oft erforderlich, größerer Platzbedarf, Heizen und Kühlen (passiv) möglich, hohe JAZ erreichbar
Sole-Wasser-Wärmepumpe Erdspeicher	Erdspeicher (Eisspeicher, Naturspeicher etc.) aufwendig, Genehmigung meist erforderlich, auch in Wasserschutzgebieten möglich, Heizen und Kühlen (passiv) möglich
Sole-Wasser-Wärmepumpe Energiezaun, Koaxialsonde	Erschließung der Wärmequelle aufwendig, Genehmigung oft erforderlich, geringer Platzbedarf, Heizen und Kühlen (passiv), hohe JAZ erreichbar
Sole-Wasser-Wärmepumpe PVT	PVT-Module teurer als reine Photovoltaikmodule, keine Genehmigung notwendig, auch in Wasserschutzgebieten möglich, nicht ganz so effizient wie zum Beispiel Sonde, Strom- und Wärmeproduktion möglich
Wasser-Wasser-Wärmepumpe Brunnen	Erschließung der Wärmequelle sehr aufwendig, Genehmigung erforderlich, Heizen und Kühlen möglich, hohe JAZ erreichbar
Wasser-Wasser-Wärmepumpe Gewässer	Erschließung der Wärmequelle aufwendig, Genehmigung erforderlich, Heizen und Kühlen möglich, hohe JAZ erreichbar

Abb. 2: Bewertung der verschiedenen Wärmepumpenheizungen.

Warmwassererzeugung

Oft, aber nicht immer ist es sinnvoll, die Wärmepumpe nicht nur zum Heizen, sondern auch zur Warmwasserbereitung einzusetzen. In der folgenden Tabelle stellen wir Ihnen die Möglichkeiten vor und bewerten diese zum Beispiel im Hinblick auf den Installationsaufwand. Bei der Umstellung von einer dezentralen auf eine zentrale Warmwassererzeugung sollten Sie beachten, dass diese meist sehr aufwendig ist, da Warmwasserleitungen und gegebenenfalls Zirkulationsleitungen neu verlegt werden müssen. Für diesen Fall geben wir auch Alternativen der elektrischen Warmwasserbereitung an.

WARMWASSERERZEUGUNG	BEWERTUNG, HINWEISE
Zentrale Wärmepumpe mit zentraler Warmwassererzeugung	Geringer Installationsaufwand, Warmwasserspeicher sollte ausgetauscht werden, Systemtrennung durch zusätzlichen Wärmetauscher sinnvoll, Anforderungen der TrinkwasserVO beachten
Zentrale Wärmepumpe mit zusätzlicher Warmwasserwärmepumpe	Geringer Installationsaufwand, Warmwasserwärmepumpe läuft unabhängig von der Heizungswärmepumpe, Heizungswärmepumpe kann im Sommer abgeschaltet werden, Anforderungen der TrinkwasserVO beachten
Dezentrale Warmwassererzeugung mit Durchlauferhitzer	Geringer Installationsaufwand, elektronische Durchlauferhitzer einsetzen, Temperatur so gering wie nötig einstellen, nicht für große Duschköpfe mit hohem Wasserdurchfluss geeignet
Dezentrale Warmwassererzeugung mit Kleinwärmepumpe	Mittlerer Installationsaufwand, Warmwasserspeicher von 60 bis 100 l, Wärmepumpe nutzt den Heizungsrücklauf als Wärmequelle, wesentlich effizienter als Durchlauferhitzer, nicht für große Duschköpfe mit hohem Wasserdurchfluss geeignet
Dezentrale Warmwassererzeugung mittels Elektrowarmwasserspeicher	Geringer Installationsaufwand, Warmwasserspeicher von 60 bis 100 l, etwas effizienter als Durchlauferhitzer, nicht für große Duschköpfe mit hohem Wasserdurchfluss geeignet
Frischwasser- oder Wohnungsübergabestation	Höherer Installationsaufwand (pro Wohneinheit eine Station erforderlich), geeignet für Mehrfamilienhäuser, erfüllt Anforderungen der TrinkwasserVO, benötigt zentrale Wärmeerzeugung und Leitungsführung zu den Wohneinheiten

Abb. 3: Bewertung der Warmwassererzeugung mit der Wärmepumpe und anderen Arten der elektrischen Warmwassererzeugung.

Auch hier sind die Möglichkeiten vielfältig. Lassen Sie sich dazu individuell beraten und beachten Sie in allen Fällen die Vorgaben der Trinkwasserverordnung (→ Seite 68).

Wärmeverteilung

In einem Bestandsgebäude kann die Wärmeverteilung auf unterschiedliche Weise erfolgen. Die gängigsten Varianten sind in der folgenden Tabelle aufgeführt.

WASSERGEFÜHRTE WÄRMEVERTEILUNG
Heizkörper mit Vor- und Rücklaufleitung (Zweirohrsystem)
Heizkörper mit Vorlaufleitung, Rücklaufleitung geht als Vorlauf in den nächsten Heizkörper (Einrohrsystem)
Fußbodenheizung
Gemischte Systeme mit Fußbodenheizung und Heizkörpern
Keine zentrale Wärmeverteilung
Einzelraumöfen
Nachtspeicherheizung
Stromdirektheizung

Abb. 4: Wärmeverteilung im Bestandsgebäude.

Um einschätzen zu können, ob Ihr vorhandenes Wärmeverteilsystem sich für die Umrüstung auf eine Wärmepumpe eignet, ist zunächst eine Überprüfung der maximalen notwendigen Vorlauftemperatur (→ Seite 135) und ein hydraulischer Abgleich (→ Seite 137) notwendig. Stellen Sie dabei fest, dass das vorhandene Wärmeverteilsystem ganz oder in Teilen ungeeignet ist, kann eine Umrüstung auf eines der in Abbildung 5 aufgeführten Systeme erfolgen. Auch können die Systeme oft kombiniert werden. Beispielsweise können Sie einen zu klein dimensionierten Heizkörper, der aus diesem Grund eine zu hohe Vorlauftemperatur benötigen würde, durch einen leistungsfähigeren Heizkörper oder – bei knappen Platzverhältnissen – durch einen Gebläseheizkörper ersetzen. Ist das nicht möglich, können Sie einen zu kleinen Heizkörper zum Beispiel auch um eine Wand- oder Deckenheizung ergänzen.

WÄRMEVERTEILUNG	BEWERTUNG, HINWEISE
Heizkörper (max. 55 °C Vorlauftemperatur)	Vorhandene Heizkörper können meistens weiterverwendet werden, ansonsten Austausch gegen größere Heizkörper möglich
Gebläseheizkörper	Benötigen wenig Platz, reaktionsschnell aufgrund eines Lüfters, Stromanschluss für jeden Heizkörper notwendig, Luftstrom und Geräusche gering, Heizen und Kühlen möglich
Fußbodenheizung	Hoher Installationsaufwand bei Nachrüstung, Nass- und Trockensysteme, hohe Effizienz aufgrund niedriger Vorlauftemperatur (<35 °C), Heizen und Kühlen möglich
Wandheizung	Hoher Installationsaufwand bei Nachrüstung, Nass- und Trockensysteme, hohe Effizienz aufgrund niedriger Vorlauftemperatur (<45 °C), Heizen und Kühlen möglich
Deckenheizung	Mittlerer Installationsaufwand bei Nachrüstung, Nass- und Trockensysteme, hohe Effizienz aufgrund niedriger Vorlauftemperatur (<45 °C), Heizen und Kühlen möglich
Innengerät für Luft-Luft-Wärmepumpe	Kältemittelleitungen müssen zu den Innengeräten in jedem Raum geführt werden, Luftstrom und Geräusche können als störend empfunden werden, reaktionsschnelle Wärme- und Kälteverteilung, unabhängig von wassergeführter Wärmeverteilung, Heizen und Kühlen möglich

Abb. 5: Bewertung verschiedener Wärmeverteilsysteme.

Der Hinweis „Nass- oder Trockensysteme" bedeutet, dass es zwei Verlegevarianten gibt: Beim Nasssystem werden zunächst die Rohrschlangen für die Flächenheizung montiert und anschließend verputzt. Beim Trockensystem werden fertig montierte Platten, in denen die Rohschlangen bereits integriert sind, verschraubt. Diese müssen nicht mehr verputzt werden.

Praxisbeispiele: Wärmepumpen in Bestandsgebäuden

Die folgenden Beispiele zeigen, wie zahlreich die Lösungsmöglichkeiten beim Einbau einer Wärmepumpenanlage in einem Bestandsgebäude sind. In dem ersten Beispiel beschreiben wir den Prozess der Entscheidungsfindung exemplarisch besonders ausführlich. Vieles davon gilt auch für die danach vorgestellten Beispiele, die deshalb etwas knapper gehalten sind.

Beispiel 1: Luft-Wasser-Wärmepumpe als Ersatz für eine Ölheizung im Bestand

Objektdaten:

- Gebäudetyp: Ein-/Zweifamilienhaus
- beheizte Fläche: 150 Quadratmeter
- Projekttyp: Bestandsbau
- Baujahr: 1909
- Nutzung: Heizen
- Wärmeverteilung: Rippenheizkörper
- Wärmepumpenart: Luft-Wasser-Wärmepumpe
- Wärmequelle: Außenluft
- Heizleistung: 12 Kilowatt
- Jahresarbeitszahl: 3,3 bis 3,5

Abb. 6: Innenansicht der Luft-Wasser-Wärmepumpe.

Ein Altbau mit Stahlrippenheizkörpern, einer 30 Jahre alten Ölheizung, einem Durchlauferhitzer für die Warmwasserbereitung im Badezimmer und einem Untertischgerät für die Warmwassererzeugung in der Küche sollte saniert werden. Im ersten Schritt ließ sich der Bauherr ausführlich durch einen unabhängigen Energieberater beraten. Anschließend tauschte er auf Empfehlung des Beraters zunächst die alten Holzfenster aus, da diese teilweise morsch waren und nicht mehr instand gesetzt werden konnten.

Danach testete er über eine Heizsaison eine maximale Vorlauftemperatur von 50 Grad Celsius. Hierbei stellte sich heraus, dass in zwei Räumen die vorhandenen Stahlrippenheizkörper nicht genügend Leistung besaßen, um diese Räume mit der reduzierten Vorlauftemperatur auf die gewünschte Raumtemperatur von 21 Grad Celsius zu beheizen. Ein Fachhandwerker berechnete die Heizlast des gesamten Gebäudes und auch der einzelnen Räume. Dabei stellte sich heraus, dass für diese beiden Räume die raumweise Heizleistung jeweils verdoppelt werden musste. In dem einen Raum (Küche im Erdgeschoss) konnte ein zweiter, gleich großer Heizkörper unter einem Fenster installiert werden, der über neu verlegte Rohrleitungen aus dem Keller versorgt werden konnte. In dem zweiten Raum (Badezimmer im ersten Geschoss) wurde der zu kleine Heizkörper durch einen entsprechend groß dimensionierten Badheizkörper ersetzt. Abbildung 5 (→ Seite 161) zeigt weitere Möglichkeiten, wie zum Beispiel Gebläseheizkörper auf, die dann zum Einsatz gekommen wären, wenn in der Küche kein Platz für einen zusätzlichen Heizkörper gewesen wäre. Im Badezimmer hätte sich auch eine Wandheizung angeboten, da dort die angenehme Wärmestrahlung einer Wandheizung einen besonders positiven Effekt hat.

Für die Warmwassererzeugung wurde der hydraulische Durchlauferhitzer im Badezimmer durch einen elektronischen Durchlauferhitzer ersetzt. Da in dem Gebäude nur zwei Personen wohnen, war das vom Aufwand her die einfachste Möglichkeit. Das Untertischgerät in der Küche konnte bleiben. Da eine Spülmaschine vorhanden ist, wird nur selten Warmwasser am Spülbecken benötigt und auch nur dann wird das Untertischgerät eingeschaltet.

Abbildung 3 (→ Seite 159) zeigt weitere Möglichkeiten auf. So hätte man die dezentrale Warmwassererzeugung auch auf eine zentrale Warmwassererzeugung umstellen

Abb. 7: Bei den Stahlrippen-Heizkörpern reichte die Leistung nicht aus.

können. Dafür wäre der Installationsaufwand aber sehr hoch gewesen, der Bauherr entschied sich deshalb gegen eine Umstellung. Weitere Möglichkeiten wie eine Kleinwärmepumpe wurden nicht betrachtet.

Die wichtigste Entscheidung, die der Bauherr zu fällen hatte, war, durch welches Wärmepumpen-Heizsystem er die alte Ölheizung ersetzt werden sollte. Diese Frage war nicht so einfach zu beantworten, da hier mehrere Möglichkeiten vorab geprüft werden mussten (siehe Checkliste → Seite 157). Zunächst ließ der Bauherr die geothermischen Eigenschaften des Untergrunds auswerten. Dabei stellte sich heraus, dass die Wärmeentzugsleistung (→ Seite 55) auf dem Grundstück nicht besonders hoch war, sodass für die rund 25.000 Kilowattstunden Heizwärmebedarf pro Jahr rund 250 Meter Bohrlänge für eine oder aufgeteilt auf mehrere Sondenbohrungen notwendig gewesen wären. Das war dem Bauherrn zu teuer. Er verwarf diese Möglichkeit, weshalb eine Anfrage bei der Unteren Wasserbehörde gar nicht erst stattfand.

Als Nächstes prüfte er gemeinsam mit einem Fachunternehmen, ob eine Luft-Wasser-Wärmepumpe die richtige Alternative sein konnte. Tatsächlich kam letztlich eine solche Wärmepumpe zum Einsatz, und zwar als innen stehende Luft-Wasser-Wärmepumpe mit einer Heizleistung von 12 Kilowatt in Monoblockausführung (→ Abb. 6). Da die Wärmepumpe nur für den Heizbetrieb zuständig ist und kein Warmwasser produzieren muss, reichen die zuvor ermittelten 50 Grad Celsius Vorlauftemperatur aus, um alle Räume auf die gewünschten Temperaturen von 21 Grad Celsius zu beheizen. Wichtig war dem Bauherrn einen CO_2-neutraler Betrieb der Wärmepumpe mit nach dem Label „Grüner Strom" zertifiziertem Ökostrom, um durch den Umstieg von der Ölheizung auf die Wärmepumpe bilanziell CO_2-neutral zu heizen. Als weitere Maßnahme plant der Bauherr demnächst die Installation einer Photovoltaikanlage und eines Stromspeichers.

Beispiel 2: Luft-Wasser-Wärmepumpe im Bestand

Objektdaten:

- → Gebäudetyp: Ein-/Zweifamilienhaus
- → beheizte Fläche: 140 Quadratmeter
- → Projekttyp: Bestandsbau
- → Baujahr: 1965

Abb. 8: Gebäude mit Photovoltaikanlage auf dem Dach.

Abb. 9: Außeneinheit der Luft-Wasser-Wärmepumpe.

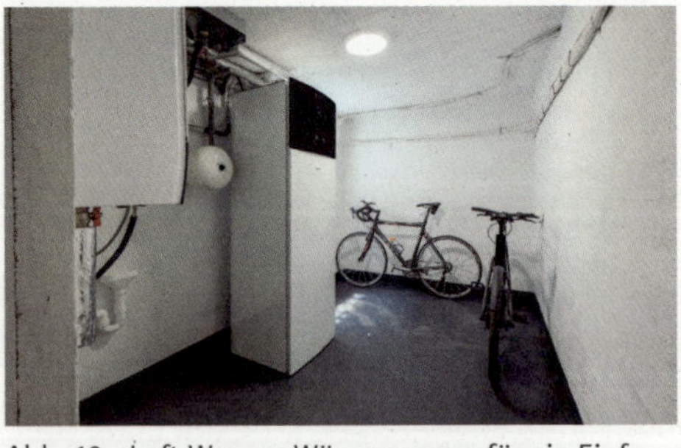

Abb. 10: Luft-Wasser-Wärmepumpe für ein Einfamilienhaus.

- Nutzung: Heizen, Warmwasser
- Wärmeverteilung: Fußbodenheizung
- Wärmepumpenart: Luft-Wasser-Wärmepumpe
- Wärmequelle: Außenluft
- Heizleistung: 16 Kilowatt

Zur Beheizung eines Wohnhauses wurden zwei Luft-Wasser-Wärmepumpen sowie eine Fußbodenheizung installiert. Ergänzt wird die Heiztechnik durch sechs Klimageräte, die die Räume im Sommer angenehm kühlen. Alle im sanierten Altbau verbauten Systeme arbeiten mit dem Kältemittel R-32. Durch eine Photovoltaikanlage mit einer Gesamtleistung von 12 Kilowatt, zu der ein Stromspeicher mit 7,5 Kilowattstunden Speicherleistung gehört, kann das Haus selbst erzeugten Strom für Kühlung und Beheizung nutzen.

Beispiel 3: Luft-Wasser-Wärmepumpe als Ersatz für eine Ölheizung im Bestand

Objektdaten:

- Gebäudetyp: Ein-/Zweifamilienhaus
- beheizte Fläche: 137 Quadratmeter
- Projekttyp: Bestandsbau
- Baujahr: 1994
- Nutzung: Heizen, Kühlen
- Wärmeverteilung: Fußbodenheizung (76 m^2), Heizkörper

Abb. 11: Doppelhaushälfte mit 137 Quadratmeter beheizter Wohnfläche.

Abb. 12: Wärmepumpen-Außengerät.

- Wärmepumpenart: Luft-Wasser-Wärmepumpe
- Wärmequelle: Außenluft
- Heizleistung: 14 Kilowatt
- CO_2-Einsparung: 5.500 kg/Jahr
- Jahresarbeitszahl: 3,89

Das Ehepaar F. hat sich von seiner Ölheizung getrennt und eine moderne Wärmepumpe einbauen lassen, ohne dass zusätzliche Re-

Abb. 13: Wärmepumpe mit integriertem 500-Liter-Wärmespeicher.

novierungsarbeiten am Haus nötig waren. Der Heizungstausch hat nur drei Tage gedauert. Das Beispiel zeigt: Klimaschonend Heizen und Kühlen kann einfach sein. Die Doppelhaushälfte des Ehepaars F. wurde 1994 gebaut und hat eine beheizte Wohnfläche von 137 Quadratmetern. Aufgrund des Alters der Heizung, des voraussichtlich in Zukunft stark ansteigenden Ölpreises, aber vor allem aus ökologischen Gründen entschieden sich die Eigentümer im Jahr 2020, ihr Heizsystem zu modernisieren. Die von ihnen gewählte Luft-Wasser-Wärmepumpe wurde speziell für die Heizungsmodernisierung entwickelt und ist mit Vorlauftemperaturen bis 70 Grad Celsius bei minus 15 Grad Celsius Außentemperatur die optimale Lösung für Bestandsgebäude. Dadurch eignet sie sich für den einfachen Austausch von Gas- und Ölgeräten. Ein Vorteil der hohen Vorlauftemperaturen ist, dass Familie F. an ihrem Haus keine weiteren Modernisierungsmaßnahmen wie etwa eine Dämmung vornehmen muss. Diese Wärmepumpe heizt selbst im tiefsten Winter zuverlässig. Auch die Wärmeverteilung konnte bestehen bleiben: So werden etwa 76 Quadratmeter über die vorhandene Fußbodenheizung temperiert und das Schlafzimmer sowie andere Räume werden weiterhin über Heizkörper beheizt. Die CO_2-Einsparung der Familie liegt bei etwa 5.500 Kilogramm pro Jahr.

Beispiel 4: Luft-Wasser-Wärmepumpe als Ersatz für eine Ölheizung im Bestand

Objektdaten:

- → Gebäudetyp: Ein-/Zweifamilienhaus
- → beheizte Fläche: 110 Quadratmeter
- → Projekttyp: Bestandsbau
- → Baujahr: 1963
- → Nutzung: Heizen, Kühlen
- → Wärmeverteilung: Heizkörper

- → Wärmepumpenart: Luft-Wasser-Wärmepumpe
- → Wärmequelle: Außenluft
- → Heizleistung: 8 Kilowatt

Herr E. lebt seit 2013 mit seiner Frau und seinen beiden Kindern in einem gemütlichen Einfamilienhaus im Allgäu. In den letzten Jahren hat die Familie viel Fleiß und Engagement in die in Eigenarbeit vorgenommene Sanierung des Hauses gesteckt. Das Dach und die Fassade des Hauses wurden gedämmt und die Fenster und Türen ausgetauscht.

Auch die Ölheizung war in die Jahre gekommen und sollte im Zuge der Modernisierung des Hauses gegen eine zeitgemäße Heiztechnik ausgetauscht werden. Familie E. wollte mit einer effektiven Heizmethode den Wert des Gebäudes steigern und gleichzeitig den CO_2-Fußabdruck reduzieren. Im Jahr 2021 nahm Herr E. Kontakt zu einer örtlichen Firma auf. In den Beratungsgesprächen betonte er, dass Gas als Alternative zur Ölheizung für ihn nicht infrage kommt und dass er den Platzgewinn im Keller gerne nutzen möchte. Der vorhandene Kaminofen sollte zur Unterstützung der neuen Heizung in das System integriert werden. In einem späteren Ausbauschritt plant Familie E. zudem, eine Photovoltaikanlage

Abb. 14: Einfamilienhaus in Pforzen/Allgäu.

Abb. 15: Wärmepumpe mit Pufferspeicher.

Abb. 16: Außeneinheit der Luft-Wasser-Wärmepumpe.

auf dem Dach des Hauses montieren zu lassen. Den damit gewonnenen Strom möchte sie sinnvoll für den Betrieb der neuen Heizung nutzen.

Die angesprochenen Punkte wurden von der Fachfirma zu einem Gesamtkonzept zusammengefügt und so fiel die Entscheidung auf eine Luft-Wasser-Wärmepumpe mit einem Pufferspeicher für das warme Wasser und einer Integration des Kaminofens über eine Wassertasche.

Der Ausbau der Ölheizung und der Einbau der Wärmepumpe dauerten nur eine Woche. Den eingesparten Platz im Keller nutzt die Familie nun als zusätzlichen Abstell- und Lagerraum. Der Alltag mit der Wärmepumpe ist einfach und komfortabel: „Die Fachfirma hat die Wärmepumpe einmal richtig eingestellt und seitdem läuft alles automatisch", sagt der Bauherr, „die Wärmepumpe ist genau auf unsere Bedürfnisse eingestellt." Die Umbaukosten betrugen circa 30.000 Euro, 45 Prozent der Summe konnte Familie E. über Fördermaßnahmen begleichen.

Beispiel 5: Luft-Wasser-Wärmepumpe als Ersatz für Nachtspeicher im Bestand

Objektdaten:

- → Gebäudetyp: Ein-/Zweifamilienhaus
- → beheizte Fläche: 195 Quadratmeter
- → Projekttyp: Bestandsbau
- → Baujahr: 1980
- → Nutzung: Heizen, Warmwasser
- → Wärmeverteilung: Heizkörper
- → Wärmepumpenart: Luft-Wasser-Wärmepumpe
- → Wärmequelle: Außenluft
- → Heizleistung: 10 Kilowatt
- → Jahresarbeitszahl: 4,3

Ein Einfamilienhaus in der Eifel zeigt, warum Experten Wärmepumpen für das Heizsystem der Zukunft halten. Eine Luft-Wasser-Wärmepumpe heizt das Bestandsgebäude nach einer Sanierung energieeffizient und erneuerbar. Flächenheizungen wurden dafür nicht benötigt, auch mit Radiatoren sorgt die Wärmepumpe leistungsstark und effizient für Wohlfühlwärme.

Das 1980 errichtete Gebäude war ursprünglich mit Elektrospeicherheizungen ausgerüstet. Familie B. wollte auf den Einbau von Flächenheizungen komplett ver-

Abb. 17: Einfamilienhaus mit 195 Quadratmeter beheizter Fläche.

Abb. 18: Lufteinlass für die innen liegende Luft-Wasser-Wärmepumpe.

zichten und an die Stelle der alten Nachtspeicher moderne Heizkörper einbauen. Mit einer Luft-Wasser-Wärmepumpe der neuesten Generation werden die Wärmeversorgung des Bestandsgebäudes und die Warmwasserbereitung ohne Probleme gewährleistet: Insgesamt werden 195 Quadratmeter Nutzfläche beheizt. Die innen aufgestellte, invertergeregelte Luft-Wasser-Wärmepumpe verursacht zudem keine störenden Schallemissionen im Außenbereich.

Familie B. ist mit dieser klimaschonenden Heizlösung sehr zufrieden: „Unser Stromverbrauch ist deutlich nach unten gegangen, denn die Nachtspeicheröfen haben ja ein Vielfaches an Energie verbraucht."

Der Vorteil eines Umbaus von Nachtspeicher auf Wärmepumpe liegt auf der Hand: Auch Wärmepumpen werden mit Strom betrieben – allerdings benötigt die Wärmepumpe nur etwa ein Viertel des Stroms, den die Nachtspeicherheizung brauchte. Der Aufwand ist bei der Umstellung also überschaubar und die Ersparnis ist meist enorm. Hinzu kommt, dass dort, wo vorher die meist recht klobigen Nachspeicheröfen standen, Platz entsteht, der von modernen Niedertemperatur-Heizkörpern nur zum Teil ausgefüllt wird.

Beispiel 6: Sole-Wasser-Wärmepumpe als Ersatz für eine Ölheizung im Bestand

Objektdaten:

- → Gebäudetyp: Ein-/Zweifamilienhaus
- → beheizte Fläche: 110 Quadratmeter
- → Projekttyp: Bestandsbau
- → Baujahr: 1982
- → Nutzung: Heizen, Warmwasser
- → Wärmeverteilung: Fußbodenheizung
- → Wärmepumpenart: Sole-Wasser-Wärmepumpe
- → Wärmequelle: Erdwärme (Erdsonde)
- → Heizleistung: 1,7–8,3 Kilowatt
- → Jahresarbeitszahl: 4,3

Die beim Bau des Hauses im Jahr 1982 verlegte Glaswolle auf der Erdgeschossdecke war erheblich zusammengefallen, sodass kaum noch eine wärmedämmende Wirkung vorhanden war. Das tragende Mauerwerk ist aus Gasbeton, dazwischen ist eine Luftschicht von circa 8 Zentimetern und das Haus ist von außen verklinkert. Im Vorder-

Abb. 19: Bungalow mit Sole-Wasser-Wärmepumpe.

Abb. 20: Wärmepumpe.

grund stand zunächst die energetische Sanierung, um die Kosten für die Erdwärmepumpe zu minimieren. Eine Überschlagsrechnung ergab, dass der Gasverbrauch von 20.000 Kilowattstunden auf circa 13.000 Kilowattstunden gesenkt werden kann, wenn das Dach mit 240 Millimeter Steinwolle nachgedämmt und die Luftschicht im Mauerwerk mit 8 Zentimeter Glaswolle ausgeblasen wird. Auf dieser Basis wurde dann eine Erdwärmepumpe mit einer 100 Meter tiefen Erdsonde gewählt und ausgeführt. Die aktuelle Jahresarbeitszahl der im Dezember 2022 in Betrieb genommenen Wärmepumpe ist 4,3.

Zu den Kosten: Die energetische Sanierung des Hauses hat circa 8.000 Euro gekostet und erspart dem Bauherrn jedes Jahr circa 7.000 Kilowattstunden Wärmeerzeugung. Die Sonde und die Wärmepumpe mit allen Installationsarbeiten haben circa 37.000 Euro gekostet. Wenn die Erdwärmepumpe auf Basis des Gasverbrauchs dimensioniert worden wäre, wären circa 60 zusätzliche Bohrmeter erforderlich gewesen. Eine zweite Bohrung wäre auf dem Grundstück nicht machbar gewesen, da die Abstände nicht eingehalten werden können. Selbst wenn man das Projekt auf Basis der 20.000 Kilowattstunden hätte umsetzen können, wären die Kosten bei circa 45.000 Euro gelandet. Obwohl aufgrund eines fragwürdigen Fördersystems die Sanierungskosten (dauerhafte Energieeinsparung) nur mit 20 Prozent gefördert werden, der Umbau der Heizung hingegen mit 35 Prozent, kann es sich rechnen, vor dem Umbau der Heizung eine energetische Sanierung durchzuführen, wie dieses Beispiel beweist. Hier konnte bei gleichen Kosten die energetische Sanierung mit ausgeführt werden. Familie G. ist hochzufrieden, da sich neben der dauerhaften Energieeinsparung auch das Wohnklima erheblich verbessert hat.

Abb. 21: Einfamilienhaus mit 140 Quadratmeter Wohnfläche und Erdwärmesonde.

Beispiel 7: Sole-Wasser-Wärmepumpe als Ersatz für eine Ölheizung im Bestand

Objektdaten:

→ Gebäudetyp: Ein-/Zweifamilienhaus
→ beheizte Fläche: 140 Quadratmeter
→ Projekttyp: Bestandsbau
→ Baujahr: 1969
→ Nutzung: Heizen
→ Wärmeverteilung: Fußbodenheizung
→ Wärmepumpenart: Sole-Wasser-Wärmepumpe
→ Wärmequelle: Erdwärme (Erdsonde)

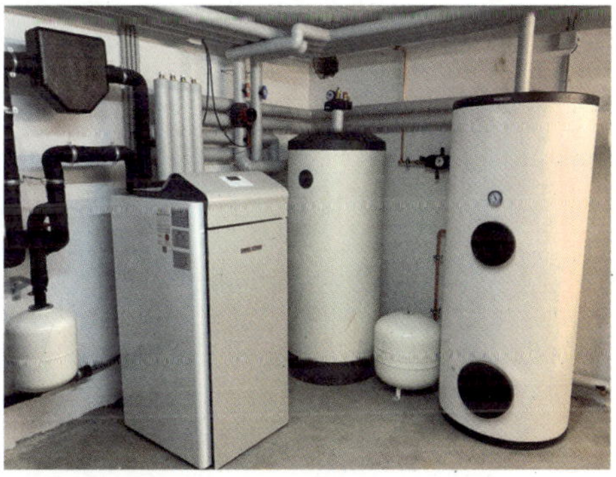

Abb. 22: Wärmepumpe mit Pufferspeicher, Warmwasserspeicher und Ausgleichsbehältern.

Das Haus von Ehepaar S. hat schon ein paar Jahre auf dem Buckel. Es wurde 1969 gebaut und musste nun gründlich saniert werden. Zunächst ließen die Bauherren neue Fenster, eine neue Innendämmung und ein neues Dach einbauen. Auch die Heizung musste erneuert werden. Das Ehepaar wünschte sich eine nachhaltige Lösung und entschied sich deshalb für eine Wärmepumpe. Das erdgekoppelte System mit einer Erdsonde von 110 Meter Länge ist besonders effizient und keinen großen Temperaturschwankungen ausgesetzt. Ab einer Tiefe von 10 Metern liegt die Temperatur das ganze Jahr über nahezu konstant bei rund

10 Grad Celsius. Die Erdwärmesonde ist so insbesondere im Winter bei tiefen Außentemperaturen sehr effektiv und gut für den monovalenten Betrieb (ohne Heizstab) geeignet. Das Verteilsystem verteilt über eine Fußbodenheizung die Wärme gleichmäßig in allen Räumen. „Mit Öl zu heizen ist für uns nicht mehr sinnvoll. Mit der neuen Wärmepumpe sind wir unabhängig vom fossilen Rohstoffmarkt und haben unseren CO_2-Fußabdruck drastisch reduziert", freut sich Frau S.

Beispiel 8: Sole-Wasser-Wärmepumpe im Bestand

Objektdaten:

- → Gebäudetyp: Ein-/Zweifamilienhaus
- → beheizte Fläche: 246 Quadratmeter
- → Projekttyp: Bestandsbau
- → Baujahr: 1953
- → Nutzung: Heizen
- → Wärmeverteilung: Fußbodenheizung, Heizkörper
- → Wärmepumpenart: Sole-Wasser-Wärmepumpe
- → Wärmequelle: Erdwärme, Solarwärme

Das Energiedach der Familie C. ist eine Innovation. Auf dem Schrägdach kamen vorgefertigte Elemente zum Einsatz. Sie bestehen aus einer Hartschaumdämmung mit einer Dicke von 11,5 Zentimetern, auf die ein Aluminiumabsorber in Vertiefungen gelegt

Abb. 23: Energiedach mit flexiblen Photovoltaikbahnen.

Abb. 24: Wohnhaus aus den 1950er-Jahren mit Sole-Wasser-Wärmepumpe (Erdwärme und Solarwärme).

wurde. Darüber kamen die wasserdichte Dachhaut und die flexiblen Photovoltaikbahnen. Das innovative Heizsystem im Wohnhaus der Familie C. belegt, dass eine Wärmepumpe allein mithilfe von Solarenergie vom Dach und Erdwärme aus dem Boden den 246 Quadratmeter großen Bestandsbau beheizen kann, denn ein elektrischer Heizstab als Nachheizung ist nicht vorhanden. Die Solarwärme wird immer dann der Wärmepumpe zugeführt, wenn die Temperaturen vom Dach höher sind als die der drei Erdsonden im Garten. Bei ausreichenden Temperaturen im Sommer kann die Solarwärme auch direkt in den Pufferspeicher geladen werden.

Beispiel 9: Sole-Wasser-Wärmepumpe im Bestand

Objektdaten:

- → Gebäudetyp: Ein-/Zweifamilienhaus
- → Projekttyp: Bestandsbau
- → Nutzung: Heizen, Kühlen
- → Wärmeverteilung: Fußbodenheizung
- → Wärmepumpenart: Sole-Wasser-Wärmepumpe
- → Wärmequelle: Erdwärme (Erdkollektor)

Der ehemalige landwirtschaftliche Hof von Heinz K. und seiner Familie liegt im Süden von Münster. Er besteht aus einem Neubau sowie dem ausgebauten Hauptgebäude mit zwei Wohneinheiten, das in früheren Zeiten, als der Hof noch bewirtschaftet wurde, zur Unterbringung der Kühe diente.

Das Hauptgebäude wurde 2019 komplett modernisiert. Im Anschluss folgte im Jahr 2020 der Umbau des alten Speichers. Insgesamt laufen auf dem Hof vier Sole-Wasser-Wärmepumpen, die für ein angenehmes Wohnklima sorgen – im Sommer und im Winter: Die Erdenergie wird über Flächenkollektoren aufgenommen und abgeführt.

Abb. 25: Ein ehemaliger landwirtschaftlicher Hof wurde modernisiert und wird nun mit einer Sole-Wasser-Wärmepumpe mit Erdkollektor beheizt.

Abb.26: Heizungskeller mit Wärmepumpe.

Abb. 27: Verlegung des Erdkollektors.

Der Umbau des Speichers war der Schlussstein für die energetische Sanierung – seit 2020 kommt nun die vierte Sole-Wasser-Wärmepumpe mit Einzelspeicher und Photovoltaik zum Einsatz. Die Wärmeverteilung läuft über Fußbodenheizungen. Die Erdkollektoren hat die Familie ohne fremde Hilfe selbst verlegt.

Abb. 28: Einfamilienhaus mit Luft-Wasser-Wärmepumpe. Heizen und Kühlen geschieht über Heizkörper.

Beispiel 10: Kombination Luft-Luft- und Luft-Wasser-Wärmepumpe als Ersatz für eine Gasheizung im Bestand

Objektdaten:

- → Gebäudetyp: Ein-/Zweifamilienhaus
- → beheizte Fläche: 140 Quadratmeter
- → Projekttyp: Bestandsbau
- → Baujahr: 1968
- → Nutzung: Heizen, Kühlen, Warmwasser
- → Wärmeverteilung: Heizkörper, Fußbodenheizung im Wintergarten
- → Wärmepumpenart: Kombination Luft-Luft- und Luft-Wasser-Wärmepumpe
- → Wärmequelle: Außenluft
- → Heizleistung: 14 Kilowatt
- → Jahresarbeitszahl: 3,45

Abb. 29: Außeneinheit der Luft-Wasser-Wärmepumpe.

Dieses Beispiel zeigt, wie ein in den 1960er-Jahren gebautes Haus nachhaltig und effizient klimatisiert werden kann. Im Rahmen mehrerer Renovierungsarbeiten wurden in dem Haus eine Wärmepumpe und mehrere Splitklimageräte nachgerüstet.

Im Jahr 2013 kaufte die Familie das 1968 erbaute Haus und installierte im selben Jahr sowohl neue Heizkörper als auch Splitklimageräte in den Schlafzimmern. Mit diesen Klimaanlagen kann jeder Raum individuell gekühlt und geheizt werden. Das Ziel der Familie war es, die Versorgung ihres 140 Qua-

Abb. 30: Klimaanlage.

dratmeter großen Hauses auf erneuerbare Energien umzustellen. Im Jahr 2020 wurde die 22 Jahre alte Gas-Brennwertheizung durch eine klimafreundliche Luft-Wasser-Wärmepumpe ersetzt. Mit der Installation einer Photovoltaikanlage schaffte der Hauseigentümer zudem eine autarke Energieversorgung. Ein weiteres Klimagerät wurde 2020 im Wintergarten installiert. Der Wintergarten wird durch eine Fußbodenheizung beheizt, und die Klimaanlage heizt dann im Winter nach Bedarf und klimatisiert im Sommer.

Die Hauseigentümer haben in den vergangenen Heizperioden sowohl den Gasverbrauch als auch den Verbrauch der Wärmepumpe erfasst: Einem Gasheizungsverbrauch von 18.600 Kilowattstunden (14. 11. 2018 bis 15. 11. 2019) steht ein Stromverbrauch von 5.300 Kilowattstunden (20. 11. 2020 bis 20. 11. 2021) durch die Wärmepumpe gegenüber. Wird der Verbrauch mit den Grundversorgungspreisen (Preise ab Januar 2022) umgerechnet, ergibt sich eine deutliche Kostenersparnis.

„Die Stromkosten der Wärmepumpe sind gegenüber den Stromkosten der Nachtspeicherheizung um circa 66 Prozent gesunken.“

ANGELIKA HOMMEN hat in ihrem Einfamilienhaus eine Nachtspeicherheizung durch eine Luft-Wasser-Wärmepumpe ersetzen lassen.

Warum haben Sie sich für den Einbau einer Wärmepumpenheizung entschieden?

Vorher war in dem Haus mit rund 80 Quadratmetern Wohnfläche eine Nachtspeicherheizung eingebaut. Diese war – was Betrieb und Bedienung angeht – nicht sehr komfortabel. Außerdem sind die Betriebskosten immer weiter gestiegen. Also habe ich nach einer Alternative gesucht. Im Haus ist kein Kamin vorhanden. Ein Arbeitskollege hat mich auf die Wärmepumpenheizung aufmerksam gemacht. Daraufhin habe ich mich näher informiert und mich für den Einbau einer Luft-Wasser-Wärmepumpe entschieden.

Wie ist die Installation der Anlage gelaufen? Gab es Probleme?

Der größte Aufwand war die Installation einer Wandheizung. Die Nachtspeicherheizung hatte keine wassergeführte Wärmeverteilung, sondern war eine Stromdirektheizung. Die neue Wärmepumpe erzeugt warmes Heizungswasser. Daher wurde nachträglich eine Wandheizung eingebaut. Da allerdings sowieso Änderungen in der Raumaufteilung im Haus vorgenommen werden sollten und die neu eingebauten Fenster beigeputzt werden mussten, war das Verputzen der Wandheizungsrohre letztlich gut machbar. Der Aufwand zur Umstellung auf ein wassergeführtes Wärmeübertragungssystem war groß, stellte aber letztlich kein Problem dar.

Was sagen Ihre Nachbarn zu der Wärmepumpenanlage?

Die Luft-Wasser-Wärmepumpe ist im Garten aufgestellt. Die einen Nachbarn zeigten sich interessiert und waren überrascht, wie leise die Wärmepumpe arbeitet. Die anderen Nachbarn fühlten sich durch Brummgeräusche gestört. Durch Sachverständige konnte die Wärmepumpe allerdings als Ursache ausgeschlossen werden.

Können Sie etwas zu den Kosten und der Wirtschaftlichkeit Ihrer Wärmepumpenheizung sagen?

Die Wärmepumpe ist im Jahr 2016 installiert worden. Damals lag die Investition in die neue Anlage bei 20.000 Euro. Der Stromverbrauch beträgt jetzt circa 3.500 Kilowattstunden pro Jahr, das entspricht rund 900 Euro Heizkosten pro Jahr. Ich nutze den Wärmepumpentarif der hiesigen Stadtwerke. Die Stromkosten der Wärmepumpe sind gegenüber den Stromkosten der Nachtspeicherheizung um circa 66 Prozent gesunken.

Abb. 31: Neubau mit Sole-Wasser-Wärmepumpe zum Heizen und Kühlen über Erdwärme.

Abb. 32: Wärmepumpe mit Pufferspeicher und Warmwasserspeicher.

Praxisbeispiele: Wärmepumpen im Neubau

Weitere Beispiele zeigen den Einsatz von unterschiedlichen Wärmepumpentypen im Neubau.

Beispiel 11: Sole-Wasser-Wärmepumpe im Neubau

Objektdaten:

- → Gebäudetyp: Ein-/Zweifamilienhaus
- → beheizte Fläche: 250 Quadratmeter
- → Projekttyp: Neubau
- → Baujahr: 2019
- → Nutzung: Heizen, Kühlen
- → Wärmeverteilung: Fußbodenheizung
- → Wärmepumpenart: Sole-Wasser-Wärmepumpe
- → Wärmequelle: Erdwärme (Erdsonde)

Für Familie F. aus Reken stand lange vor Baubeginn fest, dass ihr Eigenheim mit Erdsonden ausgestattet werden soll. Ihre Motivation: „Wenn wir jetzt als Dreißigjährige ein Haus bauen, können wir hoffentlich über 50 Jahre lang darin leben. Und so lange möchten wir auch günstig und umweltfreundlich heizen." Die Erdsonden sehen sie nicht als Teil der Heizung, sondern als Teil des Gebäudes an. Wenn die erste Erdwärmepumpe nach zum Beispiel 20 Jahren den Dienst quittieren sollte, wird sie ausgetauscht. Die Erdsonden aber überdauern Generationen. Eine Sole-Wasser-Wärmepumpe mit Erdsonde bietet nicht nur geringste Heizkosten, sondern auch eine Kühlung zum Nulltarif. Eine kontrollierte Wohnraumlüftung macht zudem eine Fensterlüftung überflüssig. Die Zuluft wird über die Erdwärme vortemperiert und im Sommer steigt die Raumtemperatur nie über 23 Grad Celsius. Der Strom für die Wärmepumpe wird zum Teil über die eigene Photovoltaikanlage gedeckt. Demnächst soll ein Batteriespeicher für noch mehr Unabhängigkeit sorgen.

Abb. 33: Schwedenhaus mit 160 Quadratmeter Wohnfläche.

Beispiel 12: Sole-Wasser-Wärmepumpe im Neubau

Objektdaten:

- Gebäudetyp: Ein-/Zweifamilienhaus
- beheizte Fläche: 160 Quadratmeter
- Projekttyp: Neubau
- Baujahr: 2021
- Nutzung: Heizen, Kühlen, Lüften, Warmwasser
- Wärmeverteilung: Fußbodenheizung
- Wärmepumpenart: Sole-Wasser-Wärmepumpe
- Wärmequelle: Erdwärme (Ringgrabenkollektor)
- Heizleistung: 14 Kilowatt

Auf einem 8.000 Quadratmeter großen Naturgrundstück im südlichen Brandenburg baute Familie B. ein Schwedenhaus. Sie entschied sich für den Einbau einer Sole-Wasser-Wärmepumpe. Der Strom für den elektrischen Antrieb wird regenerativ erzeugt: Eine Photovoltaikanlage auf dem Dach des Hauses liefert 9,98 Kilowatt, die in einem Stromspeicher den Eigenbedarf des Haushalts decken. Mit einem Lüftungsmodul wurde die Anlage zur kontrollierten Wohnungslüftung erweitert. „Uns war es wichtig, mit der Wärmepumpe unabhängig von Rohstoffpreisen zu werden und damit ein Stück Autarkie zu erlangen. Wir investieren lieber jetzt etwas mehr, als in Zukunft abhängig von der Entwicklung der Gas- oder Ölpreise zu sein", erklärt Frau B.

Abb. 34: Sole-Wasser-Wärmepumpe mit Erdwärme-Ringgrabenkollektor.

Das eingeschossig gebaute Haus mit 160 Quadratmetern Wohnfläche ist in allen Räumen mit einer Fußbodenheizung ausgestattet. Bei dem Haus handelt es sich um ein Grundmodell eines Systemherstellers für Schwedenhäuser, das modifiziert und an die individuellen Ansprüche der Familie B. angepasst wurde, zum Beispiel durch den Einbau eines original Schwedenofens. Der im Jahr 2021 erstellte Neubau ist in einer Holzständerbauweise konstruiert und nach modernsten energetischen Gesichtspunkten gebaut – es entspricht dem KfW-55-Standard.

Da das Grundstück in einem Trinkwasser-Schutzgebiet liegt, ließ sich eine Bohrung zur Nutzung der Erdwärme nicht ohne Weiteres realisieren. Der Wärmepumpenhersteller bot mit einem Ringrabenkollektor eine Alternative: Der Kollektor lässt sich in einer flexiblen Form verlegen und passt sich so optimal an die örtlichen Gegebenheiten an. Seine Arbeit verrichtet er geräuschlos und entnimmt dem Boden Umweltwärme auf hohem Temperaturniveau. Diese gelangt dann mittels einer Wärmequellenflüssigkeit über ein hochfestes PE-Rohr ins Hausinnere. Außerdem ermöglicht der Ringgrabenkollektor eine hohe Leistungszahl für einen optimalen Betrieb der Wärmepumpe und ist im Sommer in der Lage, geräuschlos zu kühlen.

Das Grundstück bietet dafür ideale Voraussetzungen und ausreichend Platz: Der Graben beginnt am Hauswirtschaftsraum und führt in 2,00 bis 2,40 Meter Tiefe in einem weiten Bogen über das Grundstück. Er endet an der Terrassenseite, von dort werden die Rohre unter der Fundamentplatte zur Wärmepumpe geführt.

Die ersten Erfahrungen haben gezeigt, dass die Wärmepumpe bereits unmittelbar nach der Inbetriebnahme ihren Zweck erfüllt und ein behagliches Raumklima und ausreichend warmes Wasser bereitgestellt hat. Mit seinen smarten Funktionen reagiert das System automatisch auf Wetteränderungen und passt sich den Bedürfnissen der Bewohner an. Über das Lüftungssystem wird verbrauchte Raumluft abgesaugt und gefilterte Frischluft strömt bedarfsgerecht nach. Familie B. musste sich allerdings daran gewöhnen, Fenster und Türen nicht zur Raumlüftung zu öffnen, denn nur so bleibt die kostbare Wärme im Haus.

Beispiel 13: Luft-Wasser-Wärmepumpe im Neubau

Objektdaten:

- → Gebäudetyp: Ein-/Zweifamilienhaus
- → beheizte Fläche: 143 Quadratmeter
- → Projekttyp: Neubau
- → Baujahr: 2017
- → Nutzung: Heizen, Kühlen, Warmwasser
- → Wärmeverteilung: Flächenheizung

Abb. 35: Außeneinheit der Luft-Wasser-Wärmepumpe.

Abb. 36: Einfamilienhaus mit Luft-Wasser-Wärmepumpe.

- Wärmepumpenart: Luft-Wasser-Wärmepumpe
- Wärmequelle: Außenluft
- Heizleistung: 6,17 Kilowatt

Beim Bau ihres neuen Hauses war Familie B. aus Bochum-Wattenscheid neben der besonderen Optik und einer behaglichen Atmosphäre ein ganzjährig angenehmes Klima und ein hoher Brauchwasserkomfort besonders wichtig. Diese Anforderungen erfüllen nun zwei Systeme: eine Wärmepumpe zur Brauchwassererwärmung und für den Betrieb der Fußbodenheizung sowie eine Splitklimaanlage zur Klimatisierung der Räume. Die Geräte erreichen sehr gute Effizienzwerte und erfüllen so auch den Wunsch der Bauherren nach Wirtschaftlichkeit und ökologischer Verträglichkeit: Das Objekt benötigt einen minimalen Primärenergieeinsatz, da ein Großteil der Heizenergie für die Haustechnik erneuerbar aus der Außenluft gewonnen wird. Die gewählte Luft-Wasser-Wärmepumpe verfügt über einen integrierten Trinkwasserspeicher und das Gerät erreicht hohe Brauchwassertemperaturen bei geringem Energieaufwand.

Abb. 37: Wärmepumpe im Heizungsraum.

Einige der hier vorgestellten Praxisbeispiele (Ein-/Zweifamilienhäuser, Neubau und Bestand) sind der Internetseite des Bundesverbandes Wärmepumpe e. V. entnommen, wo Sie zudem auch Beispiele für Mehrfamilienhäuser und Bürogebäude finden:
www.waermepumpe.de > Presse > Referenzobjekte > BWP-Datenbank

„An den meisten Standorten in Deutschland lassen sich erdgekoppelte Wärmepumpen sehr gut realisieren."

DR. INGO SCHÄFER ist beim Geologischen Dienst Nordrhein-Westfalen für alle Fragen zur Erdwärmenutzung zuständig. Seine fachliche Kompetenz hat er unter anderem in die VDI-Richtlinie 4640 und die Zertifizierung von Bohrfirmen gemäß DVGW W120 eingebracht.

Sind überall in Deutschland erdgekoppelte Wärmepumpen realisierbar?

An den meisten Standorten lassen sich erdgekoppelte Wärmepumpen sehr gut realisieren. Zur Umsetzung von erdgekoppelten Wärmepumpenprojekten ist im Vorfeld die Prüfung der technischen, der rechtlichen sowie der wirtschaftlichen Machbarkeit notwendig. Bei allen drei Faktoren spielen die Eigenschaften des Untergrunds sowie das Grundwasser eine wichtige Rolle. Aufgrund der unterschiedlichen geologischen Verhältnisse und wasserrechtlichen Vorgaben in den Bundesländern lässt sich keine pauschale Aussage treffen. Jedoch weisen die meisten Gesteine eine ausreichend hohe Wärmeleitfähigkeit aus, um wirtschaftlich eine Erdwärmesondenanlage zu realisieren. In Wasserschutzgebieten bedarf es allerdings einer besonderen Prüfung durch die jeweiligen Genehmigungsbehörden.

Wo sind Informationen zum Erdwärmepotenzial in Deutschland erhältlich?

Die Geologischen Dienste der einzelnen Bundesländer bieten in der Regel gute digitale Informationsseiten an, die über den Untergrundaufbau, über lokale Wärmeleitfähigkeiten sowie über Wasserschutzgebiete informieren. Mit diesen Daten lassen sich Projekte sehr gut vorplanen. Welche rechtlichen Vorgaben in den Bundesländern bei Bau und Betrieb erdgekoppelter Wärmepumpen zugrunde gelegt werden, lässt sich den jeweiligen Leitfäden der Länder entnehmen. Auf www.infogeo.de sind alle Portale verlinkt.

Wie kann der Bauherr sicherstellen, dass genug Erdwärme aus einer Bohrung für die Wärmepumpe gewonnen wird?
Die Planung sollte durch ein Fachunternehmen erfolgen, denn das Energieangebot des Untergrunds muss immer spezifisch an die Abnehmerstruktur angepasst werden. Die Untergrundverhältnisse sind nicht veränderbar. Die Stellschrauben, um eine Anlage effizient zu betreiben, können nur an der obertägigen Anlage gedreht werden. Der Planer achtet darauf, dass immer nur so viel Wärme dem Untergrund entzogen wird, wie auch innerhalb eines Jahres wieder nachfließen kann. Für größere Projekte empfiehlt es sich, im Vorfeld die geothermischen Standortverhältnisse über eine Pilotbohrung zu erkunden. Diese Bohrung erlaubt Untersuchungen wie Wärmeleitfähigkeitsmessungen und kann später als Produktionssonde weitergenutzt werden.

Mit welchen Techniken lässt sich die Wärmepumpe kombinieren?

Um unabhängiger von Energieversorgern und fossilen Brennstoffen zu werden, machen sich immer mehr Menschen die Energie zunutze, die das eigene Grundstück bereitstellen kann. Umgebungsluft, Erdreich und Grundwasser liefern selbst im tiefsten Winter genug Wärmeenergie, um mit einer Wärmepumpe ein Gebäude zu beheizen.

Darüber hinaus können Sie aber auch Solarenergie und die Wärmerückgewinnung aus einer Wohnungslüftungsanlage als weitere erneuerbare Energiequellen nutzen und mit Ihrer Wärmepumpe kombinieren.

Sie können Solarenergie in Kombination mit Ihrer Wärmepumpe auf zweierlei Art nutzen: mit einer Photovoltaik- oder einer Solarthermieanlage – oder mit beidem. Diese Möglichkeiten sowie die Wärmerückgewinnung aus Wohnungslüftungsanlagen werden im Folgenden genauer beschrieben. Mehr zur Kombination der Wärmepumpe mit konventionellen Heizungen (Hybridanlagen): → Seite 62.

Wärmepumpe, Photovoltaik und Stromspeicher

Einen Teil der elektrischen Energie können Sie durch Solarenergie mit einer Photovoltaikanlage auf dem eigenen Grundstück erzeugen. Solarstrom auf dem eigenen Dach zu erzeugen und im Haus zu verbrauchen, ist heute wirtschaftlicher, als ihn ins Netz einzuspeisen. Je mehr Solarstrom Sie selbst nutzen können, desto besser. Und da ergänzen sich Wärmepumpe und Photovoltaikanlage hervorragend: Die Photovoltaikanlage liefert günstigen Strom für die Wärmepumpe und senkt damit die Heizkosten. Im Gegenzug steigert die Wärmepumpe durch die erhöhte Abnahme des Solarstroms die Wirtschaftlichkeit der Photovoltaikanlage. Auch die Umwelt profitiert: Während der Wärmepumpenstrom aus dem Netz teils regenerativ und teils konventionell erzeugt wird, ist der eigene Solarstrom immer zu 100 Prozent regenerativ. Natürlich kann die Wärmepumpe nicht ausschließlich mit Solarstrom betrieben werden. Zum einen sollen auch andere Geräte, die Strom brauchen, im Gebäude Solarstrom nutzen, zum anderen müssen Sie auch nachts heizen, wenn kein Solarstrom zur Verfügung steht. Im Winter reicht zudem tagsüber die Leistung der Photovoltaikanlage oft nicht aus, damit die Wärmepumpe autark mit Solarstrom laufen kann.

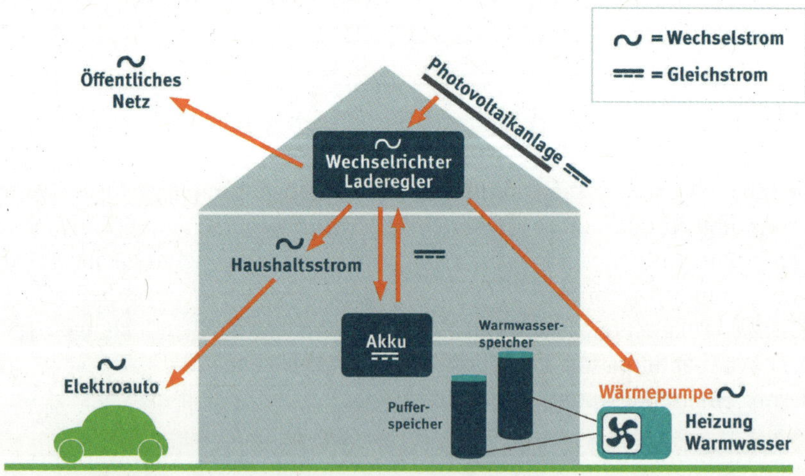

Abb. 1: Schema der Kombination einer Wärmepumpe mit einer Photovoltaikanlage, die den erzeugten Strom ins öffentliche Netz einspeist und/oder in einem Akku speichert und der sowohl als Haushaltsstrom als auch als Ladestrom für ein Elektroauto genutzt wird.

HINTERGRUND

Invertertechnik: Anpassung an den Wärmebedarf

Bis vor wenigen Jahren gab es ausschließlich Wärmepumpen, bei denen der Verdichter mit einer konstanten Drehzahl läuft. Wie bei jeder älteren Öl- oder Gasheizung auch, ist die Wärmeleistung, die erzeugt wird, stets größer als diejenige, die tatsächlich im Gebäude benötigt wird. Die Regulierung der Vorlauftemperatur geschieht durch das An- und Abschalten des Wärmeerzeugers. Es wird für wenige Minuten mit voller Leistung geheizt, worauf ein Stillstand folgt. Ein solcher Stopp-and-go-Betrieb bringt Wärmeverluste mit sich, da sich das System ständig aufheizt und wieder abkühlt. Nicht nur für die Effizienz, sondern auch für die Langlebigkeit einer Wärmepumpe ist es aber von Vorteil, wenn sie nach einem Start möglichst lange arbeiten kann. Zum Vergleich: Ein Auto, das überwiegend für Kurzstrecken genutzt wird, verschleißt schneller als ein überwiegend für Langstrecken genutztes Fahrzeug.
Seit einigen Jahren gibt es neben den On-/Off-Wärmepumpen auch solche, die ihre Heizleistung an den tatsächlichen Wärmebedarf anpassen. Dazu regulieren sie permanent und stufenlos die Drehzahl des Verdichters. Man spricht dabei von Invertertechnik oder auch von modulierenden Wärmepumpen. Positiver Nebeneffekt: Im Teillastbereich arbeitet die Wärmepumpe effektiver als unter Volllast. So bescheinigte der Feldtest „Wärmepumpen im Bestand“ des Fraunhofer ISE teilnehmenden Wärmepumpen, die über Invertertechnik verfügen, überdurchschnittlich hohe Jahresarbeitszahlen im Vergleich zu den On-/Off-Geräten.
Speziell für die Kombination mit einer Photovoltaikanlage bietet die variable Drehzahl einen weiteren, entscheidenden Vorteil: Mit reduzierter Drehzahl sinkt auch die elektrische Leistungsaufnahme. Abbildung 2 veranschaulicht das beispielhaft. Die Wärmepumpe mit starrer Drehzahl (On-/Off-Wärmepumpe) bezieht schubweise ihre Anschlussleistung von 3.000 Watt. Pausiert die Wärmepumpe, wird ein Großteil des Photovoltaikstroms ins Netz eingespeist. Läuft die Wärmepumpe, muss der Großteil des Stroms vom Energieversorger zurückgekauft werden. Das Invertergerät mit gleicher maximaler Leistung läuft drehzahlreduziert, aber länger und bezieht durchschnittlich etwa 1.500 Watt. Diese Leistung kann zum Großteil durch die Photovoltaikanlage gedeckt werden, sodass nur wenig Strom aus dem Netz bezogen werden muss. Invertertechnik erlaubt dadurch einen höheren Eigenverbrauch und einen besseren Autarkiegrad.

Über ein Jahr betrachtet, handelt es sich immer um einen Mix aus Netz- und Solarstrom. Wie groß der solare Anteil ist, hängt zunächst von gegebenen Größenverhältnissen ab, wie zum Beispiel vom Stromverbrauch der Wärmepumpe und vom Ertrag der Photovoltaikanlage. Bei einem gut gedämmten Einfamilienhaus kann er über 30 Prozent betragen. Dieser Wert wird auch Autarkiegrad genannt. Er gibt an, wie viel Prozent des Strombedarfs im Haus pro Jahr über Solarenergie gedeckt wird. Die Autarkie ist ein Maß für die Unabhängigkeit vom öffentlichen Stromnetz.

Darüber hinaus ist entscheidend, inwiefern beide Anlagen miteinander gekoppelt sind. Mit einfachsten Maßnahmen ist es möglich, dass sich die Wärmepumpe automatisch einschaltet, wenn ein Überschuss an Solarstrom vorhanden ist.

Die Wärmepumpe wandelt den Solarstrom in Wärme um und speichert diese im Warmwasser- und Pufferspeicher. Die Temperaturen in den Speichern werden über das normale Niveau angehoben, sodass mehr Wärme produziert als gebraucht wird. In den Abendstunden kann der Heizwärme- und Warmwasserbedarf dann zunächst aus den überladenen Speichern gedeckt werden. Die Wärmepumpe pausiert in dieser Zeit und es muss kein Strom aus dem Netz zugekauft werden.

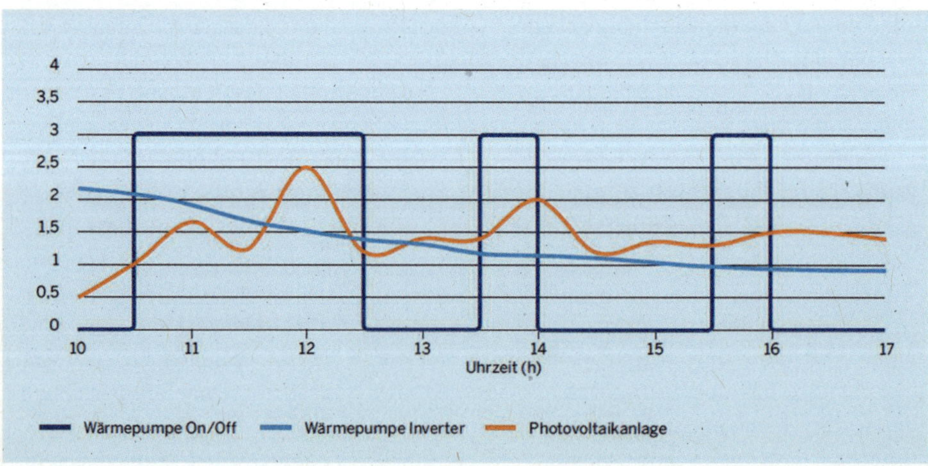

Abb. 2: Leistungsverläufe im Vergleich: Wärmepumpe mit und ohne Invertertechnik (Angaben in kW).

Die Photovoltaikanlage: Stromgenerator für die Wärmepumpe

Eine Photovoltaikanlage besteht im Wesentlichen aus Solarmodulen, einem oder mehreren Wechselrichtern und Stromzählern. Die Solarmodule erzeugen aus Sonnenstrahlung elektrischen Gleichstrom. Ein Maß für die Leistung ist bei der Photovoltaik die Größe Kilowatt peak (kWp). Normalerweise wird Leistung in Watt (W) gemessen. 1.000 Watt sind 1 Kilowatt (kW). Kilowatt peak gibt es nur im Bereich Photovoltaik. Der Wert dient der Vergleichbarkeit von Solarmodulen unter genormten Bedingungen. Kilowatt peak gibt an, welche Höchstleistung eine Photovoltaikanlage theoretisch erbringen kann. Eine Anlage der Leistung 1 Kilowatt peak kann jährlich in unseren Breitengraden durchschnittlich etwa eine Energiemenge von 1.000 Kilowattstunden in Form von Strom erzeugen.

Der erzeugte Gleichstrom einer Photovoltaikanlage wird durch Wechselrichter in netzkompatiblen Wechselstrom mit 400/230 Volt und 50 Hertz umgewandelt. Zur Messung der erzeugten Stromenergie werden Stromzähler verwendet. Ein erster Stromzähler, häufig Ertragszähler genannt, misst den Strom, den die Photovoltaikanlage insgesamt produziert. Danach folgt ein Zweirichtungszähler. Dieser übernimmt zum einen die Funktion des normalen Haushaltsstromzählers und misst den Strom, der aus dem Netz bezogen wird. Zum anderen misst er den Strom, den die Photovoltaikanlage ins Netz einspeist. Die Differenz aus dem insgesamt produzierten Strom und dem eingespeisten Strom ergibt den Eigenverbrauch.

Seitens der Photovoltaikanlage bestimmen folgende Parameter, wie autark das Gebäude ist und welcher Eigenverbrauch sich erzielen lässt.

Größe

Zu Zeiten der Volleinspeisung war die größt mögliche Photovoltaikanlage auch die lukrativste. Volleinspeisung bedeutet, dass der von der Solaranlage produzierte Strom vollständig ins Netz eingespeist wird. Der Gewinn, der nach einer Betriebszeit von 20 Jahren mit der Einspeisevergütung erwirtschaftet wurde, stieg mit der Anlagengröße nahezu linear an.

Das ist nicht mehr so, seitdem der Eigenverbrauch Vorrang hat. Heute wird bei Einfamilienhäusern oft nicht mehr die komplette Dachfläche genutzt. Die Anlagengröße wird bewusst kleiner gewählt, damit der prozentuale Eigenverbrauch hoch ist. Je höher er ist, desto schneller amortisiert sich die Photovoltaikanlage. Kommt zum üblichen Stromverbrauch des Haushalts eine Wärmepumpe oder auch ein Elektroauto hinzu, sieht der Sachverhalt wiederum anders aus: Wie ein Elektroauto muss auch die Wärmepumpe in der Auslegung der Photovoltaikanlage unbedingt berücksichtigt werden, da sie den Eigenverbrauch deutlich steigert. Wollen Sie zum Beispiel 40 Prozent des Solarstroms selbst verbrauchen, genügt ohne Wärmepumpe dafür oft eine Anlage mit einer Leistung von 4 Kilowatt peak.

Mit Wärmepumpe können Sie 40 Prozent Eigenverbrauch mit einer Anlage von 8 Kilowatt peak oder mehr erreichen.

Pauschalaussagen, dass die Photovoltaikanlage beim Vorhandensein einer Wärmepumpe zum Beispiel doppelt oder dreifach so groß ausfallen sollte, lassen sich jedoch nicht treffen. Zu viele Faktoren spielen eine Rolle, wie etwa der Stromverbrauch der Wärmepumpe, die Größe von Puffer und Warmwasserspeicher und vor allem das Nutzerverhalten beim Haushaltsstrom.

Die ideale Anlage ist mit einer intelligent eingebundenen Wärmepumpe in jedem Fall größer, als wenn nur Stromverbraucher im Haushalt versorgt werden. Es hat sich in der Praxis bewährt, die Photovoltaikanlage so groß wie möglich zu dimensionieren, vor allem dann, wenn neben einer Wärmepumpe auch ein E-Auto mit Strom versorgt werden soll.

Ausrichtung

Traditionell wurden Solarmodule nach Süden ausgerichtet, weil dies den größtmöglichen Ertrag verspricht. Allein dieser war bei der Volleinspeisung ausschlaggebend für die Wirtschaftlichkeit. Auch hier hat sich mit Photovoltaikanlagen zum Eigenverbrauch etwas geändert. Es kommt nicht mehr allein auf die Höhe des Ertrags an, sondern auch darauf, wann der Strom produziert wird. Damit Sie Solarstrom im Haushalt verbrauchen können, ist es vorteilhaft, ihn möglichst gleichmäßig über den Tag verteilt zu erzeugen. Daher werden Photovoltaikanlagen immer häufiger auch auf Satteldächern installiert, deren Dachflächen nach Osten und Westen zeigen. Durch die Abweichung von der Südausrichtung produzieren die Module am Tag zwar insgesamt weniger Energie, dafür steht der Strom morgens eher und abends länger zur Verfügung. Vor allem in Haushalten, in denen mittags nicht regelmäßig gekocht und dadurch morgens und abends anteilig mehr Strom verbraucht wird, wirkt sich dieser Effekt positiv aus. Ein weiterer positiver Effekt besteht darin, dass eine Photovoltaikanlage bei der Ost-West-Ausrichtung größer ausfallen kann: Bei einem Satteldach können Sie beide Dachhälften nutzen. Auf Flachdächern werden die Modulreihen heute sogar gezielt abwechselnd nach Osten und Westen aufgeständert. Dadurch müssen keine Abstände zwischen den Modulreihen eingehalten werden, die bei Südausrichtung notwendig sind, damit sich die Module nicht gegenseitig verschatten. Es lassen sich daher mehr Module installieren.

GUT ZU WISSEN

Photovoltaikanlage mit Südausrichtung

Auf Satteldächern sind Anlagen mit Südausrichtung zurzeit noch etwas wirtschaftlicher. Sie erlauben zwar keinen größeren Eigenverbrauch, erwirtschaften mit ihrem höheren Ertrag aber mehr Gewinn über die Einspeisevergütung. Mit sinkender Vergütung und steigendem Strompreis wird der Unterschied zukünftig weiter abnehmen.

Für eine Wärmepumpe ist die Südausrichtung stets vorteilhafter. Während der Stromverbrauch im Haushalt über das Jahr gesehen relativ konstant ist, benötigt die Wärmepumpe den meisten Strom im Winter. Da die Sonne dann sehr flach am Himmel steht, bieten südlich ausgerichtete Module den vorteilhafteren Winkel zur Sonne und können die Wärmepumpe besser versorgen. Wirtschaftlich ist eine Ost-West-Anlage aber ebenfalls, sie trägt nur etwas weniger zum Wärmepumpenstrom bei (→ Abb. 3).

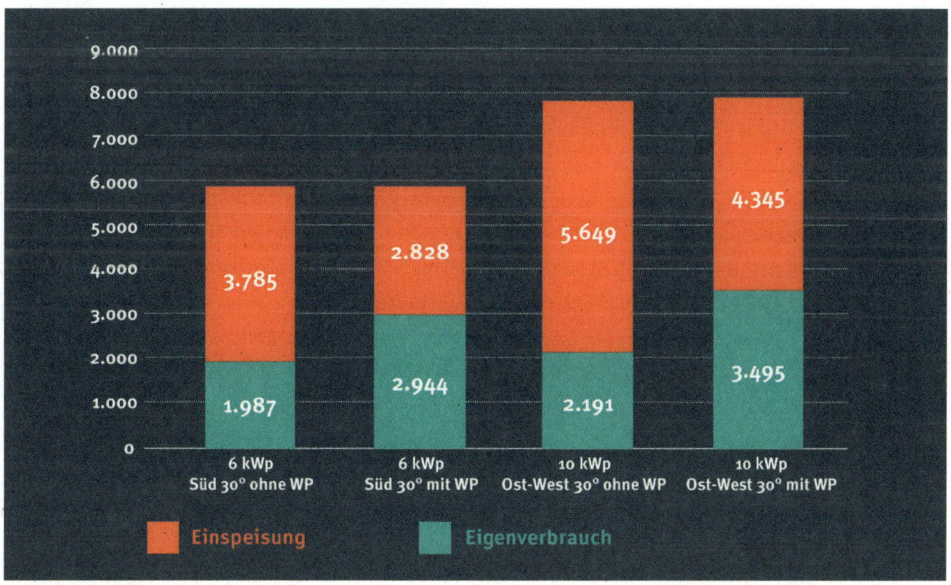

Abb. 3: Eigenverbrauchssteigerung durch eine Wärmepumpe mit 4.000 Kilowattstunden Stromverbrauch und optimierter Warmwasserbereitung (Angaben in Kilowattstunden).

Neigungswinkel

Ost-West-Flächen leisten ihre maximalen Erträge bei einem Neigungswinkel von circa 10 Grad. Für die Kombination mit Wärmepumpen sind tendenziell steilere Winkel vorteilhaft, da im Winter, also bei einem hohen Wärmebedarf, die Sonne sehr flach am Himmel verläuft. Den größten Ertrag generieren Modulflächen mit Südausrichtung bei einem Neigungswinkel von etwa 30 Grad, den gleichmäßigsten bei etwa 55 Grad. Aufgrund der derzeit schnell fallenden Preise für Photovoltaikanlagen und des immer wichtiger werdenden Eigenverbrauchs rentieren sich heutzutage auch Anlagen, die weit von diesen optimalen Gegebenheiten abweichen. Selbst auf Ost-West-Flächen mit 50-Grad-Neigung lässt sich Solarstrom wirtschaftlich produzieren, erst recht, wenn eine Wärmepumpe ihn abnimmt.

Wechselrichter und Zähler

Ab einer Photovoltaikleistung von mehr als 4,6 Kilowatt peak müssen Wechselrichter seit Anfang 2012 dreiphasig ausgeführt sein, um das Stromnetz nicht mit zu großen Asymmetrien zu belasten. Das heißt, der Solarstrom wird im Gebäude auf allen drei Phasen gleichmäßig eingespeist. Anlagen unter 4,6 Kilowatt peak werden aus Kostengründen meist mit einphasigen Wechselrichtern betrieben, sodass der Solarstrom nur auf einer der drei Phasen zur Verfügung steht. Auch Beleuchtung und Steckdosen in Ihrem Gebäude sind einphasig angeschlossen, werden also nur über eine der drei Phasen betrieben. Aber wie sieht es mit dem Eigenverbrauch aus, wenn Sie einen einphasigen Wechselrichter haben, der zum Beispiel gerade 2.000 Watt auf der ersten Phase liefert und Sie Ihren Wasserkocher mit 2.000 Watt über eine Steckdose betreiben, die über die zweite Phase läuft?

Physikalisch betrachtet, speisen Sie 2.000 Watt Solarstrom ins Netz ein und der Wasserkocher bezieht 2.000 Watt vom Energieversorger. Abrechnungstechnisch läuft der Wasserkocher aber tatsächlich mit Solarstrom und der Eigenverbrauch beträgt 100 Prozent. Das liegt daran, dass die Stromzähler in Ihrem Haus saldierend arbeiten. Gemessen wird die Summe der Ströme auf allen drei Phasen, die in diesem Beispiel –2.000 Watt + 2.000 Watt + 0 Watt = 0 Watt beträgt. Es ist also egal, auf welcher Phase eingespeist und auf welcher Phase Strom verbraucht wird.

Bei dreiphasigen Wechselrichtern gilt das Gleiche. Werden zum Beispiel auf jeder Phase 1.000 Watt eingespeist und 3.000 Watt über Phase 3 bezogen, dreht sich weder der Einspeisezähler noch der Bezugszähler: 1.000 Watt + 1.000 Watt + (1.000 Watt – 3.000 Watt) = 0 W.

Neue elektronische Zähler können aber auch „nicht saldierend" messen. Es wird dabei der Stromverbrauch auf jeder Phase einzeln erfasst, zum Nachteil für den Eigenverbrauch. Wer seinen Solarstrom (zumindest bilanziell) auf allen Phasen nutzen möchte, sollte darauf achten, dass der Energieversorger einen entsprechenden Zähler einbaut.

Wärmepumpen bieten die Möglichkeit, den selbst erzeugten Strom nicht nur in der Bilanz, sondern auch physikalisch zu 100 Prozent selbst zu nutzen: Die meisten Wärmepumpen arbeiten mit Drehstrom und beziehen ihre Energie gleichmäßig über alle Phasen. Ist auch der Wechselrichter dreiphasig, kann der Strom direkt verwertet werden.

Solarstrom oder Wärmepumpentarif?

Speziell für Wärmepumpen bieten viele Energieversorger einen separaten Stromtarif an, wie es ihn früher schon für Nachtspeicherheizungen gab (→ Seite 84). Dem Vorteil des vergünstigen Strompreises steht eine zweite Grundgebühr gegenüber, die die Miete für den separaten Stromzähler und einen Rundsteuerempfänger enthält. Ein solcher Tarif räumt dem Energieversorger das Recht ein, die Wärmepumpe dreimal täglich für jeweils zwei Stunden abzuschalten, um Lastspitzen im Stromnetz abzuschwächen. In der Praxis wird von der maximalen Sperrzeit jedoch kaum Gebrauch gemacht. Viele Energieversorger schalten nur einmal täglich ab, einige auch überhaupt nicht.

Wer seine Wärmepumpe mit Solarstrom versorgen möchte, entscheidet sich im Normalfall automatisch gegen einen solchen Tarif. Bisher bieten nur wenige Energieversorgungsunternehmen die Möglichkeit an, die Wärmepumpe über einen Wärmepumpentarif und mit Solarstrom zu betreiben. Bei den meisten Energieversorgern müssen Sie sich entscheiden: Entweder Sie versorgen mit Ihrer Photovoltaikanlage das ganze Gebäude inklusive Wärmepumpe oder Sie nutzen den Sondertarif für die Wärmpumpe und den Solarstrom nur im Haushalt. Die konkrete technische Umsetzung sollte mit dem Energieversorger abgestimmt werden.

Neben dem Wunsch nach mehr Unabhängigkeit von steigenden Energiepreisen fließt häufig auch die Ideologie vieler Menschen mit in die Entscheidung ein, ihre Wärmepumpe sogar dann mit Solarstrom zu betreiben, wenn ein Wärmepumpentarif günstiger wäre. Für viele wird es zunehmend wichtiger, einen Großteil ihres Energiebedarfs im Haus selbst produzieren zu können. Ebenfalls spielt der Wunsch nach einem aktiven Beitrag zum Klimaschutz vermehrt eine Rolle.

Welche Variante wirtschaftlicher ist, wird unter anderem von folgenden Faktoren bestimmt:

- Stromverbrauch der Wärmepumpe
- Größe der Photovoltaikanlage

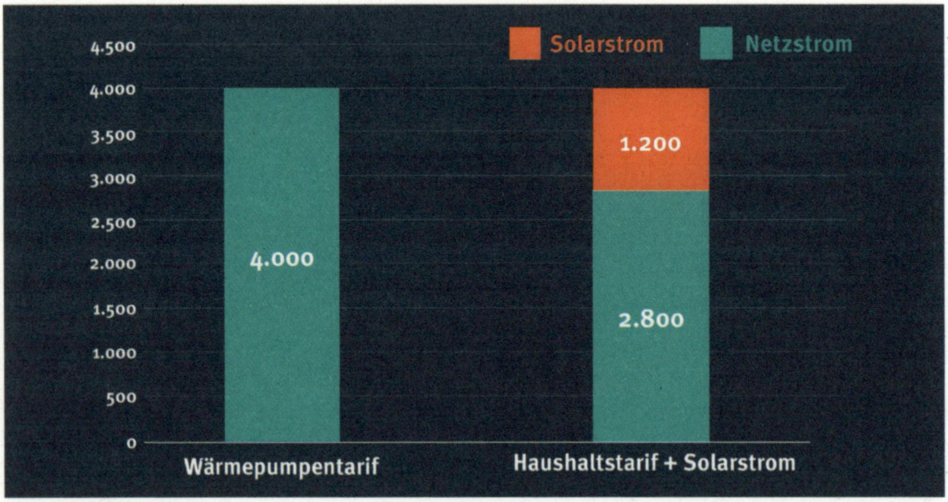

Abb. 4: Herkunft des Stroms für die Wärmepumpe (Angaben in Kilowattstunden pro Jahr).

→ Preisunterschied zwischen Haushalts- und Wärmepumpentarif
→ Einspeisevergütung Solarstrom

Der Solarstrom, der von der Wärmepumpe verbraucht wurde, muss mit der Einspeisevergütung multipliziert und zu den Stromkosten addiert werden, da er nicht vergütet wird.

Informieren Sie sich: Welche Tarife sind bei Ihnen erhältlich? Wie viel Strom würde eine Wärmepumpe bei Ihnen verbrauchen? Passen Sie die Werte an die Gegebenheiten bei Ihnen zu Hause an, um die für Sie wirtschaftlichere Variante herauszufinden. Bei der Entscheidung, wie Sie Ihre Wärmepumpe versorgen möchten, sollten Sie auch über Preisstabilität nachdenken. Der Strom vom Energieversorger kann teurer werden.

BEISPIEL

- Stromverbrauch Wärmepumpe: 4.000 Kilowattstunden pro Jahr (kWh/a)
- Wärmepumpe gedeckt durch Photovoltaik: 30 Prozent = 1.200 kWh/a
- Wärmepumpentarif: 32 Cent pro Kilowattstunde (ct/kWh)
- Haushaltstarif: 38 Cent pro Kilowattstunde (ct/kWh)
- Grundgebühr Wärmepumpentarif: 120 Euro pro Jahr (Euro/a)
- Einspeisevergütung Solarstrom: 8 Cent pro Kilowattstunde (ct/kWh)

Stromkosten mit Wärmepumpentarif: 4.000 kWh/a x 0,32 Euro/kWh + 120 Euro/a = 1.400 Euro/a

Stromkosten mit Solarstrom aus einer vorhandenen Anlage: 2.800 kWh/a x 0,38 Euro/kWh + 1.200 kWh/a x 0,08 Euro/kWh = 1.160 Euro/a

BEISPIEL

Projektbeispiel: Sole-Wasser-Wärmepumpe ersetzt Ölheizung

Familie N. hat vor einigen Jahren ihre Ölheizung durch eine Sole-Wasser-Wärmepumpe ersetzt. Im Winter wurde vor Installation der Wärmepumpe täglich mit einem Scheitholzofen zugeheizt, weil der alte Heizkessel auf 18 Grad Celsius Raumtemperatur eingestellt war, um Heizöl zu sparen. Es wurden etwa 4 Kubikmeter Holz im Jahr gebraucht. Heute wird der Ofen nur noch wegen der Gemütlichkeit genutzt. Die Raumbeheizung übernimmt die Wärmepumpe allein. Damit hat Familie N. ihren Holzverbrauch deutlich reduziert. Die Energie dazu bezieht sie zu 75 Prozent aus Erdwärmesonden, die sich in zwei 87 Meter tiefen Bohrungen unter Rasen und Terrasse verstecken. Die restlichen 25 Prozent, die elektrische Antriebsenergie für den Verdichter, werden zum Teil durch eine Photovoltaikanlage gedeckt. Im Erdgeschoss wird die Wärme über eine Fußbodenheizung übertragen, im ersten Stock über Heizkörper. Ihr Brauchwasser erwärmt Familie N. aber nicht mit Erdwärme, sondern mit Luft: Der Keller ist über 100 Jahre alt und war immer sehr feucht. Jetzt zieht die Warmwasser-Wärmepumpe die Feuchtigkeit aus dem Keller und aus den Wänden, und das funktioniert so gut, dass die Familie inzwischen die Wäsche zum Trocknen extra in den Keller stellt.
Die dachintegrierte Photovoltaikanlage mit 28 Modulen und insgesamt 7 Kilowatt peak erzeugt Energie für die beiden Wärmepumpen und für den Haushalt. 2022 verbrauchten die Wärmepumpen 5.000 Kilowattstunden Strom und im Haushalt wurden 3.000 Kilowattstunden verbraucht. Mit der Photovoltaikanlage wurden 6.400 Kilowattstunden erzeugt. Ins Netz wurde nur der Strom eingespeist, den Familie N. selbst nicht brauchte. Im Beispieljahr waren das 5.200 Kilowattstunden. Mit der Wärmepumpe und der Photovoltaikanlage spart Familie N. ungefähr 15 Prozent gegenüber den Betriebskosten der alten Heizung.

Daten des Gebäudes:

- Wohnfläche: 140 Quadratmeter
- Heizung: Sole-Wasser-Wärmepumpe mit 10,9 Kilowatt Heizleistung (kW)/2,2 Kilowatt elektrische Anschlussleistung (kW), monovalent
- Wärmequelle: 2 x 87 Meter Erdwärmesonden
- Wärmeverteilsystem: Fußbodenheizung im Erdgeschoss, Radiatoren im Obergeschoss
- Pufferspeicher: 200 Liter
- Warmwasser: Warmwasser-Wärmepumpe, 200 Liter, 2.400 Watt Heizleistung (kW)/650 Watt elektrische Anschlussleistung
- Photovoltaikanlage: 7 Kilowatt peak, Südausrichtung, Neigung 45 Grad
- Wechselrichter: 1 x dreiphasig

Abb. 5: Wärmepumpe und Pufferspeicher der Familie N.

GUT ZU WISSEN

Elektrische Anschlussleistung

Die elektrische Anschlussleistung ist die maximale Leistung, die ein elektrisches Gerät wie eine Wärmepumpe von einem Stromnetz beziehen kann. Die Anschlussleistung können Sie den Herstellerunterlagen entnehmen. Sie wird meist in Kilowatt angegeben. Die Kenntnis dieses Werts soll sicherstellen, dass das Stromnetz die erforderliche Leistung bereitstellen kann, ohne überlastet zu werden. Dazu müssen die Verkabelung und die Schutzeinrichtungen wie Sicherungen ausreichend dimensioniert sein. Das ist Aufgabe des Elektrikers, der die Wärmepumpe ans Stromnetz anschließt.

Die Kilowattstunde Strom aus der eigenen Photovoltaikanlage hingegen kostet auch in 15 Jahren genauso viel wie heute.

Wärmepumpe und Solarthermie

Neben einer Photovoltaikanlage lässt sich auch eine solarthermische Anlage hervorragend mit einer Wärmepumpe kombinieren. Eine solche Anlage wandelt die Sonnenstrahlung auf dem Dach direkt in Wärmeenergie um und unterstützt die Wärmepumpe bei der Erwärmung des Warmwasserspeichers oder des Kombispeichers für Warmwasser und Heizung.

Eine solarthermische Anlage besteht aus folgenden Komponenten:

- → Kollektoren, auf die die Sonnenstrahlen auftreffen, die diese in Wärmeenergie umwandeln und die Sonnenenergie an eine Soleflüssigkeit abgeben,
- → einem Warmwasserspeicher,
- → einem geschlossenen Solekreislauf, der die im Kollektor aufgenommene Wärme zum Speicher transportiert und

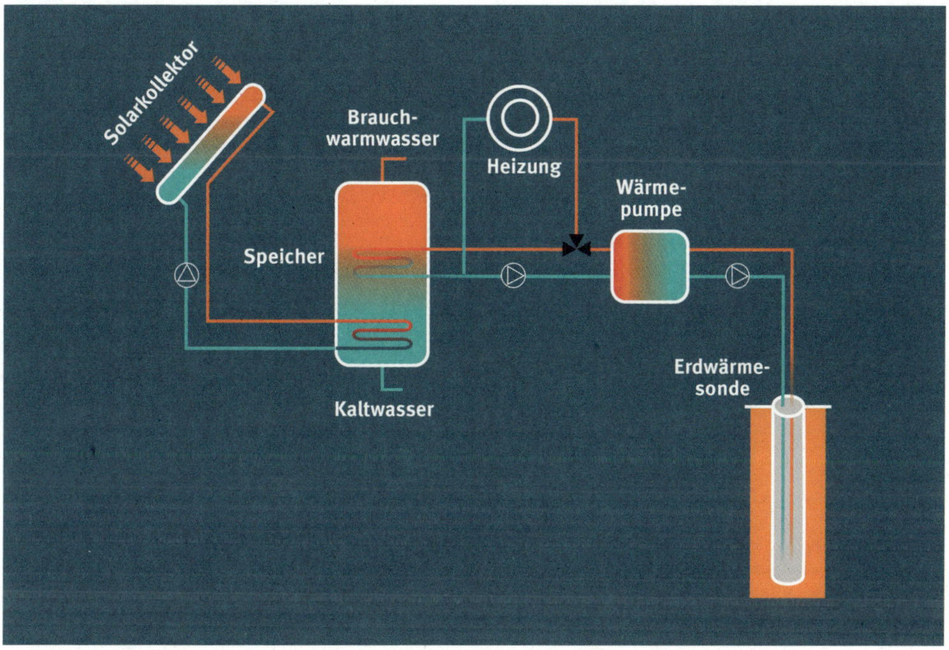

Abb. 6: Schema der Kopplung einer Brauchwassersolaranlage mit einer Erdwärmepumpe.

→ einem Solarregler, der die Umwälzpumpe der Sole entsprechend den Temperaturdifferenzen zwischen Kollektor und Speicher ansteuert.

Bei der Kombination von Wärmepumpe und solarthermischer Anlage lässt sich die Solarenergie auf zweierlei Arten im Heizungskreislauf nutzen.

Direkt: Hier wird die Solarwärme direkt in den Wärmepumpen-Heizkreislauf eingespeist. Wärmepumpe und solarthermische Anlage produzieren die Wärme für Heizung und Warmwasserbereitung. (→ Abb. 6). Der Speicherinhalt wird durch die Solarenergie vorerwärmt. Dadurch muss die Wärmepumpe weniger Energie aufbringen und arbeitet effizienter.

Indirekt: Hier fließt die Solarwärme in die Wärmequelle (zum Beispiel das Erdreich). Dadurch wird das Temperaturniveau der Wärmequelle erhöht. In der Folge sinkt der Strombedarf der Wärmepumpe (→ Abb. 7).

Die Kombination aus Wärmepumpe und solarthermischer Anlage spart somit Ener-

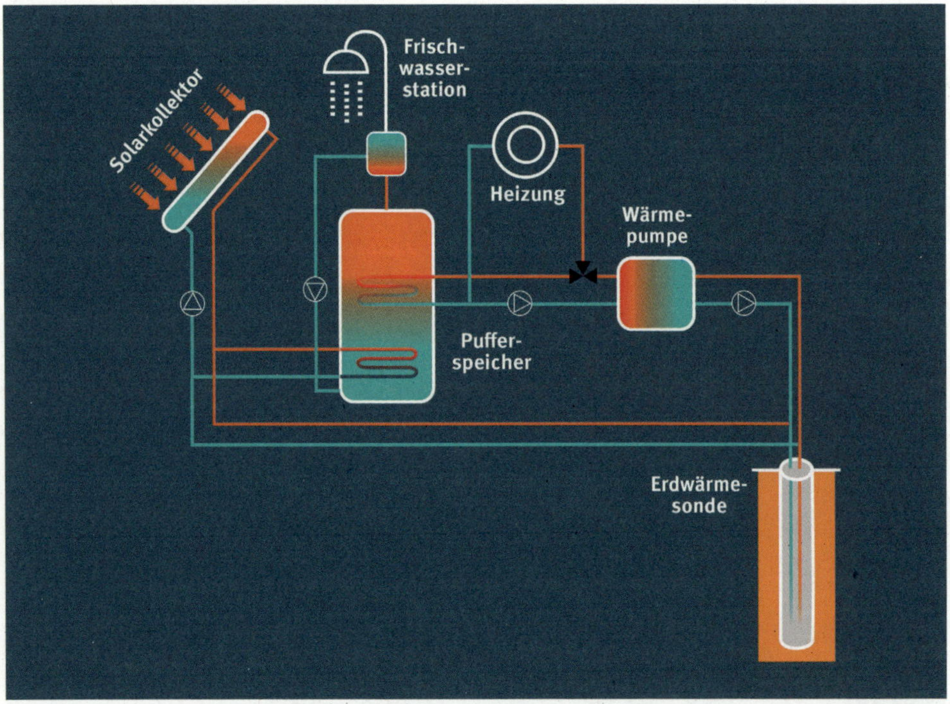

Abb. 7: Schema der Kopplung einer solaren Heizungsunterstützungsanlage, die auch die Erdreichtemperatur regeneriert, mit einer Erdwärmepumpe.

gie und macht die Wärmepumpe effizienter. Eine solche Anlage muss in Hinblick auf die Anlagengrößen (Kollektorfläche, Speichervolumen, Wärmepumpenleistung und Energiebedarf) gut geplant werden. Lassen Sie sich dazu von Fachleuten beraten.

Auch eine Dreierkonstellation – bestehend aus Photovoltaik, Solarthermie und Wärmepumpe – ist technisch kein Problem. Die Solarthermie erwärmt den Speicher direkt über einen Wärmetauscher. Die Photovoltaik erwärmt ihn indirekt über die Wärmepumpe. Da die Größe der Dachfläche in der Regel begrenzt ist, besteht eine gewisse Flächenkonkurrenz. Der Planer sollte abwägen, wie die Flächenverteilung von Photovoltaik und Solarthermie energetisch optimal gestaltet wird.

Es gibt mittlerweile auch Kollektoren, die Solarthermie und Photovoltaik in einer Einheit verbauen (siehe Abb. 9 → Seite 200). Das führt zu einer besseren Ausnutzung der zur Verfügung stehenden Dachfläche. Zudem kann eine solche Anlage Strom und Wärme gleichzeitig produzieren. Einige Hersteller nutzen den solarthermischen Teil des photovoltaisch-thermischen Kollektors (PVT-Kollektor) als Wärmequelle für eine So-

Abb. 8: Dachfläche belegt mit einer Photovoltaikanlage (unten) und einer solarthermischen Anlage (oben).

le-Wasser-Wärmepumpe. Es wird weder eine Bohrung noch ein Erdwärmekollektor benötigt, die Effizienz einer solchen Anlage ist höher als die Effizienz einer Luft-Wasser-Wärmepumpe, es entstehen keine Geräusche und der Strom aus dem Photovoltaikteil kann natürlich auch genutzt werden.

Wärmepumpe und Wohnungslüftung mit Wärmerückgewinnung

Damit der Mensch in Innenräumen gesund bleibt und sich wohlfühlt, ist es wichtig, die Raumluft sauber zu halten. Schadstoffe, Geruchsstoffe, die CO_2-Belastung, die Feuchtigkeit in der Luft sowie die empfundene Raumluftqualität sind Merkmale für mehr oder weniger saubere Luft und das Raumklima. Saubere Luft bedeutet, dass die Konzentration von Schad- und Geruchsstoffen in der Raumluft, die Temperatur und der Feuchtigkeitsgehalt in der Luft in gesundheitlich unbedenklichen Grenzwerten gehalten werden.

Um ein behagliches Raumklima zu erzeugen, sollte der Wasserdampfgehalt der Raumluft in den Grenzen der relativen Feuchte von 30 bis 60 Prozent und eine Raumtemperatur von 20 bis 22 Grad Celsius in Wohnräumen eingehalten werden. In Schlafräumen wird eine Temperatur von 16 bis 18 Grad Celsius empfohlen. Über- oder Unterschreitungen dieser Werte haben negative Auswirkungen auf das Raumklima. Zu trockene Luft lässt zum Beispiel die Schleimhäute austrocknen und führt zu einer erhöhten elektrostatischen Aufladung der Raumluft, während zu feuchte Luft als schwül empfunden wird. Ebenso kann eine zu hohe Luftfeuchtigkeit bei Unterschreitung der Taupunkttemperatur an relativ kühlen Wandoberflächen zu Tauwasserausfall führen, was bewirkt, dass sich Schimmelpilze bilden können und dass es zu Feuchteschäden an der Gebäudehülle kommt.

Um die Luftverunreinigungen möglichst gering zu halten, ist es notwendig, die Räume ausreichend zu lüften. Dies führt allerdings zwangsweise zu Lüftungswärmeverlusten. Wird das Gebäude normal von den Bewohnern genutzt, sollte das Luftvo-

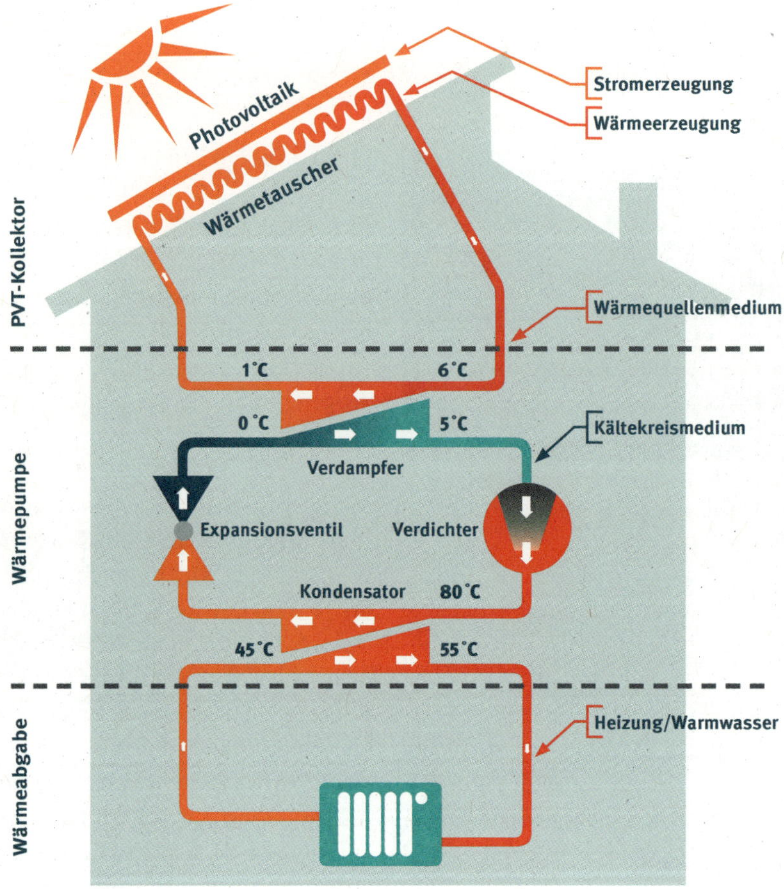

Abb. 9: Funktionsprinzip eines photovoltaisch-thermischen Kollektors (PVT-Kollektor).

lumen circa 0,5-mal pro Stunde ausgetauscht werden. Hinzu kommt die Tatsache, dass der im GEG geforderte hohe Dämmstandard eine luftdichte Gebäudehülle, auch aus bauphysikalischer Sicht, erforderlich macht. Auch deshalb rücken Fragen des Luftaustauschs und der Lufthygiene in den Fokus. Allein mit der Fensterlüftung kann nicht ausreichend gelüftet und die Bildung von Schimmel verhindert werden.

Im Sinne der Energieeffizienz sollten Wärmeverluste durch Lüften vermieden oder zumindest abgemildert werden. Hier bekommen Techniken der Wärmerückgewinnung eine große Bedeutung. Bei dem Prozess der Wärmerückgewinnung wird aus einem Wärmeträgermedium – das kann neben der Abluft zum Beispiel auch Abwasser sein – die ungenutzte Wärmeenergie mittels Wärmetauscher als nutzbare Wärmeenergie zurückgewonnen.

Eine zeitgemäße und energieeffiziente Lösung bietet die kontrollierte Wohnungslüftung. Diese Technik sorgt für den hygienisch notwendigen Luftaustausch und schafft damit im Gebäude ein gesundes Raumklima. Die aus der Abluft gewonnene Energie wird, je nach Anlagenkonzeption, entweder für die Erwärmung der Frischluft und/oder für die Erwärmung von Trinkwarmwasser eingesetzt. Einige Systeme führen die gewonnene Energie aber auch dem Heizungssystem zu. Und viele Anbieter schaffen Kombinationen zwischen Heizungswärmepumpen und Lüftungstechnik, bis hin zu kompletten Systemlösungen, als Kompaktgeräte. Gemeint sind Wärmepumpen in Lüftungsgeräten mit sehr effektiver Wärmerückgewinnung. Mittlerweile stehen viele Systeme zur Auswahl. Es gibt zwei grundlegende Systemansätze:

Zu-/Ablufttechnik

Diese Systemlösung sorgt mit einem kompakten Zentralgerät für den erforderlichen Luftaustausch. Ein Ventilator entlüftet über ein Rohrnetz die belasteten Räume, wie Küche, Bad und WC. Mit einem zweiten Ventilator und dem dazugehörigen weiteren Rohrsystem wird Außenluft angesaugt und den bewohnten Räumen, wie Wohn-, Kinder- und Schlafzimmer, zugeführt. Die in den Geräten integrierte Wärmepumpe temperiert die Außenluft und sorgt so für ein angenehmes Raumklima. Die Leistung der Wärmepumpe ist so hoch, dass sie einen beachtlichen Beitrag zur Wärmeversorgung des Hauses leistet.

Ablufttechnik

Diese Lösung ist durch eine zentrale Abluftführung mit dezentraler Zuluftführung gekennzeichnet. Mit diesem Konzept werden die belasteten Räume zentral durch einen Ventilator mit dem dazugehörigen Rohrnetz entlüftet. Die integrierte Wärmepumpe entzieht der warmen Abluft die Energie und nutzt diese für die Erwärmung des Trinkwarmwassers und / oder führt sie dem Heizkreis zu. Die Außenluft wird den bewohnten Räumen über Außenwandventile zugeführt. Durch das Entlüften der belasteten Räume entsteht im Haus ein leichter Unterdruck, der durch die zuströmende Außenluft über die Außenwandventile in den bewohnten Räumen wieder ausgeglichen wird. Damit ist der hygienisch erforderliche Luftaustausch im ganzen Haus energiesparend und komfortabel sichergestellt.

Anhang

Weiterführende Informationen und Links

ONLINE-TOOLS DER VERBRAUCHERZENTRALE

Die Verbraucherzentrale bietet einige Online-Tools, die Sie bei der Planung Ihrer Wärmepumpenheizung unterstützen. Sie bekommen Tipps, was bei der Anschaffung und dem laufenden Betrieb zu beachten ist. Die Funktionsweise und die unterschiedlichen Wärmepumpentypen werden erläutert.
www.verbraucherzentrale.de/node/5439

Weiterhin können Sie ermitteln, ob Ihr Gebäude für eine Wärmepumpe geeignet ist:
www.verbraucherzentrale.nrw/node/71237

ONLINE-TOOLS UND INFORMATIONEN ANDERER INSTITUTIONEN

JAZ-Rechner

Mit dem JAZ-Rechner kann die Jahresarbeitszahl einer Wärmepumpe errechnet werden.
www.waermepumpe.de/jazrechner

Schallrechner

Der Schallrechner ermöglicht die Beurteilung der Lärmimmissionen von Luft-Wasser-Wärmepumpen nach TA Lärm im Tagbetrieb zu Zeiten erhöhter Empfindlichkeit und während der Nacht.
www.waermepumpe.de/schallrechner

Heizkörperrechner

Mit dem Heizkörperrechner kann ermittelt werden, ob und wie das hydraulische System angepasst werden muss, um die Vorlauftemperatur gegebenenfalls abzusenken.
www.waermepumpe.de/normen-technik/heizkoerperrechner

Klimakarte

Die Klimakarte visualisiert postleitzahlenscharf wahlweise die Jahresmittel- oder die Norm-Außentemperaturen entsprechend der DIN / TS 12 831–1 vom April 2020.
www.waermepumpe.de/normen-technik/klimakarte

Förderrechner
Der Förderrechner bildet die BEG-Förderrichtlinie ab 1. Januar 2023 ab.
www.waermepumpe.de/foerderrechner

Testergebnisse
Die Stiftung Warentest hat Luft-Wasser-Wärmepumpen getestet.
www.test.de
Suchwort: Wärmepumpen

BÜCHER

Seifert, Hans-Jürgen: Wärmepumpen für Heizung und Warmwasser. Planung, Technik, Kosten, Förderung, Stiftung Warentest, Berlin 2022.

Seltmann, Thomas, Sutter, Jörg: Ratgeber Photovoltaik, Solarstrom und Batteriespeicher für mein Haus, Verbraucherzentrale NRW, Düsseldorf 2023.

Spruth, Johannes: Ratgeber Heizung, Wärme und Warmwasser für mein Haus, Verbraucherzentrale NRW, Düsseldorf 2023.

Zogg, David: Wärmepumpen und PV – die clevere Kombination, EnergieSchweiz, Bundesamt für Energie BFE, Bern 2021.

VERBÄNDE, ORGANISATIONEN

Bundesverband Wärmepumpe e. V. (BWP)
www.waermepumpe.de

Bundesverband der Deutschen Heizungsindustrie e. V. (BDH)
www.bdh-industrie.de

Zentralverband Sanitär Heizung Klima (ZVSHK)
www.zvshk.de

Agentur für Erneuerbare Energien (AEE)
www.unendlich-viel-energie.de

Zentralverband des Deutschen Handwerks e. V. (ZDH)
www.zdh.de

Bundesverband der Energie- und Wasserwirtschaft e. V. (BDEW)
www.bdew.de

Informationszentrum für Wärmepumpen und Kältetechnik – IZW e. V.
www.izw-online.de

Bundesverband Geothermie e. V.
www.geothermie.de

Bundesverband Flächenheizungen und Flächenkühlungen e. V. (BVF)
www.flaechenheizung.de

Bundesverband für Wohnungslüftung e. V. (VfW)
www.wohnungslueftung-ev.de

Bundesverband Erneuerbare Energien e. V. (BEE)
www.bee-ev.de

FÖRDERUNG

Bundesverband für Wirtschaft und Ausfuhrkontrolle (BAFA)
www.bafa.de

Kreditanstalt für Wiederaufbau (KfW)
www.kfw.de

FORSCHUNG, STUDIENERSTELLER, INSTITUTE

Fraunhofer-Institut für Solare Energiesysteme ISE
www.ise.fraunhofer.de

Fraunhofer-Einrichtung für Energieinfrastrukturen und Geothermie IEG
www.ieg.fraunhofer.de

Agora Energiewende
www.agora-energiewende.de

Prognos
www.prognos.com

NEWSLETTER

Die zuvor genannten Verbände, Organisatoren und Forschungsinstitute geben Newsletter heraus, die auch zum Thema Wärmepumpen informieren.

VERANSTALTUNGEN UND MESSEN

ISH, Weltleitmesse für Wasser, Wärme, Luft, Messe Frankfurt
ish.messefrankfurt.com

Forum Wärmepumpe
www.waermepumpe.de/verband/forum-waermepumpe

INFORMATIONEN FÜR KINDER

Sendung mit der Maus
www.wdrmaus.de › Suchbegriff: Wärmepumpe

Adressen

Verbraucherzentrale
Baden-Württemberg e.V.
Paulinenstraße 47
70178 Stuttgart
Telefon: 07 11/66 91-10
Fax: 07 11/66 91-50
www.verbraucherzentrale-bawue.de

Verbraucherzentrale
Bayern e.V.
Mozartstraße 9
80336 München
Telefon: 0 89/5 52 79 4-0
Fax: 0 89/53 75 533
www.verbraucherzentrale-bayern.de

Verbraucherzentrale
Berlin e.V.
Ordensmeisterstraße 15–16
12099 Berlin
Telefon: 0 30/2 14 85-0
Fax: 0 30/2 11 72 01
www.verbraucherzentrale-berlin.de

Verbraucherzentrale
Brandenburg e.V.
Babelsberger Straße 12
14473 Potsdam
Telefon: 03 31/2 98 71-0
Fax: : 03 31/2 98 71-77
www.verbraucherzentrale-brandenburg.de

Verbraucherzentrale
Bremen e.V.
Altenweg 4
28195 Bremen
Telefon: 04 21/1 60 77-7
Fax: 04 21/1 60 77 80
www.verbraucherzentrale-bremen.de

Verbraucherzentrale
Hamburg e.V.
Kirchenallee 22
20099 Hamburg
Telefon: 0 40/2 48 32-0
Fax: 0 40/2 48 32-290
www.vzhh.de

Verbraucherzentrale
Hessen e.V.
Große Friedberger Straße 13–17
60313 Frankfurt/Main
Telefon: 0 69/97 20 10-900
Fax: 0 69/97 20 10-40
www.verbraucherzentrale-hessen.de

Verbraucherzentrale
Mecklenburg-Vorpommern e.V.
Strandstraße 98
18055 Rostock
Telefon: 03 81/2 08 70-50
Fax: 03 81/2 08 70-30
www.verbraucherzentrale-mv.eu

Verbraucherzentrale
Niedersachsen e.V.
Herrenstraße 14
30159 Hannover
Telefon: 05 11/9 11 96-0
Fax: 05 11/9 11 96-10
www.verbraucherzentrale-niedersachsen.de

Verbraucherzentrale
Nordrhein-Westfalen e.V.
Mintropstraße 27
40215 Düsseldorf
Telefon: 02 11/38 09-0
Fax: 02 11/38 09-216
www.verbraucherzentrale.nrw

Verbraucherzentrale
Rheinland-Pfalz e.V.
Seppel-Glückert-Passage 10
55116 Mainz
Telefon: 0 61 31/28 48-0
Fax: 0 61 31/28 48-66
www.verbraucherzentrale-rlp.de

Verbraucherzentrale
Saarland e.V.
Trierer Straße 22
66111 Saarbrücken
Telefon: 06 81/5 00 89-0
Fax: 06 81/5 00 89-22
www.verbraucherzentrale-saarland.de

Verbraucherzentrale
Sachsen e.V.
Katharinenstraße 17
04109 Leipzig
Telefon: 03 41/69 62 90
Fax: 03 41/6 89 28 26
www.verbraucherzentrale-sachsen.de

Verbraucherzentrale
Sachsen-Anhalt e.V.
Steinbockgasse 1
06108 Halle
Telefon: 03 45/2 98 03-29
Fax: 03 45/2 98 03-26
www.verbraucherzentrale-sachsen-anhalt.de

Verbraucherzentrale
Schleswig-Holstein e.V.
Hopfenstraße 29
24103 Kiel
Telefon: 04 31/5 90 99-0
Fax: 04 31/5 90 99-77
www.verbraucherzentrale.sh

Verbraucherzentrale
Thüringen e.V.
Eugen-Richter-Straße 45
99085 Erfurt
Telefon: 03 61/5 55 14-0
Fax: 03 61/5 55 14-40
www.vzth.de

Verbraucherzentrale
Bundesverband e.V.
Rudi-Dutschke-Straße 17
10969 Berlin
Telefon: 0 30/2 58 00-0
Fax: 0 30/2 58 00-518
www.vzbv.de

Stichwortverzeichnis

Bildnachweis

Warum ist die Wärmepumpe gut fürs Klima?

Abb. 1 Rumi Benecke, Düsseldorf
Abb. 2 Bundesverband Wärmepumpe (BWP) e.V., Berlin
Abb. 3 Frank-Michael Baumann, Oelixdorf
Abb. 4–5 Lala Majidova, Düsseldorf, (Daten: Statistisches Bundesamt)
Abb. 6 Grüner Strom Label e.V., www.gruenerstromlabel.de

Wie funktioniert die Wärmepumpe?

Abb. 1 Bundesverband Wärmepumpe (BWP) e.V., Berlin
Abb. 2 Lala Majidova, Düsseldorf (Daten: Fraunhofer-Institut für Solare Energiesysteme ISE, Freiburg)
Abb. 3–4 Lala Majidova, Düsseldorf (Daten: Frank-Michael Baumann, Hans-Jürgen Laue, Peter Müller, Wärmepumpen-Heizen mit Umweltenergie, BINE Informationsdienst)
Abb. 5 Lala Majidova, Düsseldorf
Abb. 6 Lala Majidova, Düsseldorf (Daten: EnergieAgentur.NRW, Düsseldorf)
Abb. 7 Hubertus Pieper, Soest
Abb. 8 Lala Majidova, Düsseldorf (Daten: Fraunhofer-Institut für Solare Energiesysteme ISE, Freiburg)
Abb. 9 Verbraucherzentrale NRW, Düsseldorf
Abb. 10 Lala Majidova, Düsseldorf

Welche Wärmepumpentypen gibt es?

Abb. 1–2 Bundesverband Wärmepumpe (BWP) e.V., Berlin
Abb. 3 NIBE Systemtechnik GmbH, Celle
Abb. 4 Cryosolair GmbH, Ilsede
Abb. 5–9 Bundesverband Wärmepumpe (BWP) e.V., Berlin
Abb. 10 Lala Majidova, Düsseldorf (Daten: ASUE e.V. Berlin)

Gesetzliche Rahmenbedingungen, Genehmigungs- und Anmeldepflichten

Abb. 1 Umweltbundesamt, Dessau
Abb. 2 TA Lärm, www.verwaltungsvorschriften-im-internet.de
Abb. 3 Bundesverband Wärmepumpe (BWP) e.V., Berlin
Abb. 4 Studio Harmony – Adobe Stock
Abb. 5 Bundesverband Wärmepumpe (BWP) e.V., Berlin

Was ist wichtig für den Betrieb der Wärmepumpe?

Abb. 1 Lala Majidova, Düsseldorf (Daten: Fraunhofer-Institut für Solare Energiesysteme ISE, Freiburg)
Abb. 2 my-PV GmbH, Neuzeug (Österreich)
Abb. 3 Lala Majidova, Düsseldorf
Abb. 4 Lala Majidova, Düsseldorf (Daten: BDEW e.V., Berlin)
Abb. 5 Lala Majidova, Düsseldorf
Abb. 6 CrispyMedia – Adobe Stock
Abb. 7 Quick Tec GmbH, Berlin (https://quick-tec.com/deckenheizung-kuehlung)
Abb. 8 Raymond Forbes – Stocksy
Abb. 9 Anne Raupach, Kaufungen
Abb. 10 Konstantin – Adobe Stock
Abb. 11 Verbraucherzentrale NRW, Düsseldorf
Abb. 12 JAGA Deutschland GmbH, Würselen (www.jaga.com)

Abb. 13–14 Bundesverband Wärmepumpe (BWP) e.V., Berlin

Ihr Weg zur Wärmepumpe

Abb. 1 Lala Majidova, Düsseldorf
Abb. 2 Bundesverband Wärmepumpe (BWP) e.V., Berlin
Abb. 3 Lala Majidova, Düsseldorf (Daten: EnergieAgentur.NRW, Düsseldorf)
Abb. 4–5 Lala Majidova, Düsseldorf
Abb. 6 Lala Majidova, Düsseldorf (Daten: Statistikportal.de)
Abb. 7 Frank-Michael Baumann, Oelixdorf
Abb. 8 Lala Majidova, Düsseldorf

Optimierung von Wärmepumpen

Abb. 1 Lala Majidova, Düsseldorf
Abb. 2 Verbraucherzentrale NRW, Düsseldorf
Abb. 3 Andrey Popov – Adobe Stock

Fördermöglichkeiten für die Wärmepumpe

Abb. 1 Bundesministerium für Wirtschaft und Klimaschutz, Berlin

Wie finde ich die beste Wärmepumpenlösung für mein Haus?

Abb. 1–5 Lala Majidova, Düsseldorf
Abb. 6–7 Sven Kersten, Duisburg
Abb. 8–13 DAIKIN Airconditioning Germany GmbH, Unterhaching
Abb. 14–16 NIBE Systemtechnik GmbH, Celle
Abb. 17–18 Wirtz Sanitär + Heizung GmbH, Koblenz
Abb. 19–20 VitruvMassivBau GmbH, Hildesheim
Abb. 21–22 Heinz Wenker GmbH & Co. KG, Nottuln
Abb. 23–24 SolarTech International B.V., Eindhoven
Abb. 25–27 Lumitronic GmbH, Kempen-Tönisberg
Abb. 28–30 DAIKIN Airconditioning Germany GmbH, Unterhaching
Abb. 31–32 WATERKOTTE GmbH, Herne
Abb. 33–34 NIBE Systemtechnik GmbH, Celle
Abb. 35–37 DAIKIN Airconditioning Germany GmbH, Unterhaching

Mit welchen Techniken lässt sich die Wärmepumpe kombinieren?

Abb. 1 Lala Majidova, Düsseldorf (Daten: EnergieAgentur.NRW, Düsseldorf)
Abb. 2 EnergieAgentur.NRW, Düsseldorf
Abb. 3–4 Lala Majidova, Düsseldorf (Daten: EnergieAgentur.NRW, Düsseldorf)
Abb. 5 Familie Nahs, Duisburg
Abb. 6–7 Lala Majidova, Düsseldorf
Abb. 8 Horst Schmidt – Adobe Stock
Abb. 9 NIBE Systemtechnik GmbH, Celle

Weitere Fotos

Seite 6 perfectlab – Adobe Stock
Seite 32 Marek Miara, Freiburg
Seite 42 Paul Waning, Berlin
Seite 52 Bernd Bremerich-Ranft, Willich
Seite 56 André Deinhardt, Berlin
Seite 74 Ernst-Günter Weiß, Dortmund
Seite 89 Claus Fest, Karlsruhe
Seite 104 Susanne Berger, Ratingen
Seite 110 Christian Handwerk, Düsseldorf
Seite 119 Frank Börsch, Nickenich
Seite 153 Africa Studio – Adobe Stock
Seite 176 Angelika Hommen, Duisburg
Seite 182 Ingo Schäfer, Krefeld

Umschlagillustration

Designbüro Ute Lübbeke, Köln

Danksagung

Als Autor des Ratgebers danke ich den ehemaligen Kolleginnen und Kollegen der EnergieAgentur.NRW für die fachliche Unterstützung und Beratung bei der Erstellung des Ratgebers Wärmepumpe. Insbesondere geht mein Dank an den früheren Kollegen Sven Kersten für das Einbringen seiner Expertise.
Ich danke dem Vorstand, der Geschäftsführung und den Mitarbeiterinnen und Mitarbeitern des Bundesverbandes Wärmepumpe (BWP) für viele Informationen, die zum Gelingen des Ratgebers beigetragen haben.
Mein Dank geht weiterhin an die Interviewpartner und -partnerinnen für die Bereitschaft, ihr Wissen und ihre Erfahrung im Ratgeber zu teilen.
Ich danke den Mitarbeiterinnen und Mitarbeitern der Verbraucherzentrale sowie allen an der Erstellung des Ratgebers Beteiligten für die gute und vertrauensvolle Zusammenarbeit.

Dr. Frank-Michael Baumann

---

1. Auflage 2023

ISBN 978-3-86336-182-2 (Buch)
ISBN 978-3-86336-328-4 (E-Book PDF)
ISBN 978-3-86336-344-4 (E-Book EPUB)

Impressum

Herausgeber
Verbraucherzentrale
Nordrhein-Westfalen e. V.
Mintropstraße 27, 40 215 Düsseldorf
Telefon 02 11 / 9 13 80 15 55
ratgeber@verbraucherzentrale.nrw
www.verbraucherzentrale.nrw

Autor
Dr. Frank-Michael Baumann

Koordination
Frank Wolsiffer

Lektorat
Kristina Raub-Küster, Düsseldorf

Fachliche Beratung
Ramona Mittag, Günter Neunert

Layout und Satz
Lala Majidova, Düsseldorf
www.lav-ka.de

Umschlaggestaltung
Ute Lübbeke, Köln
www.LNT-design.de

Gestaltungskonzept
Lichten Kommunikation und Gestaltung, Hamburg www.lichten.com

XML-Layoutsatz
pagina GmbH, Tübingen
www.pagina.gmbh

Druck
AZ Druck und Datentechnik GmbH, Kempten
Redaktionsschluss: September 2023